ゲーム開発プロジェクト管理の基本

The basics of managing game development projects

下田紀之 著

技術評論社

contents

1
2
3
4
工
事
中

第2部 計画の管理

第3部 開発の管理

第4部 リリース・運営

第5部 まとめと演習

■ はじめにお読みください

まえがき

イントロダクション

プロジェクト管理と言われたら、あなたはどんな印象を持ちますか？

人を支配して言うことを聞かせる悪の手口を想像するかもしれません。あるいは人を機械のように働かせる非人間的な体制でしょうか。

本書で語るプロジェクト管理は、人々が生き生きと活躍するために役立つ方法です。

コンピューターを使ったゲームは半世紀ほど前に生まれ、ハードウェアとプログラム技術を猛スピードで発展させてきました。かつては白黒の画面上を小さな四角や文字が動いていただけだったのに、今では実写と見まがうような映像で世界が描かれ、世界中のプレイヤーたちとオンラインでつながって驚異的な冒険を共にすることもできます。Unity や Unreal Engine などの商用ゲームエンジンを使うことで、ゲームを開発するハードルもぐっと下がりました。ゲームを誰でも作ることができると言われる時代の到来です。

ところが昔も今も変わらずゲーム開発はあちこちで失敗しています。開発が行き詰ってゲームのリリースが中止というニュースが流れることもあれば、大ヒット作を手掛けてきたチームの新作が延期を繰り返してようやくリリースされるも未完成の部分だらけといったことも見受けられます。

どうしてゲームの開発は失敗するのでしょうか？

黎明期のゲームはプログラマー１人によって作られ、作業の期間もせいぜい数か月でした。今ではプログラマーにプランナーにデザイナー、コンポーザーにディレクターにプロデューサー、数十人から数百人が年単位の期間をかけて作るようになっています。そして今のゲームは極めて複雑化しており、そのボリュームも数キロバイトから数ギガバイト以上と軽く百万倍以上に拡大しています。

こうした要因がゲームの開発を難しくしていることは間違いありません。しかし根本的な原因ではないのです。

ゲームの規模がごく小さかった初期は、ぱっと思い付いたことを自分でプログラムしてみて、運よくナイスなアイディアだったら成功でした。失敗しても自分が残念なだけです。

ところが数十、数百人が関わるようになった現代のゲーム開発では、チームのメンバーが思い付きでばらばらに作ってもゲームにはまとまらず、失敗すれば大勢が困ることになります。昔も今も同様に思い付きが失敗を呼んでいます。今はそれが分かりやすく大きな問題になってしまうのです。

ここで疑問に思う方もいるのではないでしょうか。ゲームは思い付き、つまりアイディアが大事なのではないかと。

アイディアは確かにゲームの中核です。しかし思いついたアイディアをただ作るのでは失敗してしまう可能性が大です。なぜならアイディアとは新しい提案であり、作ってみなければ分からないからです。

ゲーム開発のプロジェクト管理とは、この失敗の可能性を抑えて成功を目指すための方法です。多数のチームメンバーがまとまった方向に気持ちを合わせつつ、それぞれの個性と能力を発揮する。そんな環境を作るための方法でもあります。

さあ、ページをめくって、プロジェクト管理を使いこなすための旅に出発しましょう。機械的な支配ではなく、ばらばらの放任でもなく、生き生きとしたチームによる最高のゲームでプレイヤーを大喜びさせる未来のために。

本書の方針

本書が対象とするゲームは、コンピューターを使って動作するいわゆるデジタルゲームです。家庭用ゲーム機やスマートフォン、PC などのプラットフォームは問いません。

またゲーム開発のプロジェクトには、新規にゲームを作る初期開発プロジェクトと、すでにリリースしたゲームをバージョンアップしながらサービスを継続していく運営プロジェクトがあります。本書では初期開発プロジェクトを中心に解説します。

読者にはプロジェクトを管理する立場のプロデューサーやディレクター、プロジェクトマネージャー、また作業割り振りに関わるパートリーダーやプランナーを主に想定しています。現場で作業されている方々にとっても、プロジェクト管理を知ることでプロジェクトの流れを理解して働きやすくなったり、自分の業務をひとつのプロジェクトとして管理していけるようになったりするでしょう。

本書で使用する用語については、ゲーム会社でなるべく広く使われている用語を用います。プロジェクト管理では同じ意味でも様々な用語が使われているため、会社によっては用語が異なるかもしれません。どちらが正しいということではありませんので読み替えをお願いします。

本書で解説するプロジェクト管理については、基本的には標準的な方法に基づきますが、現場で行われているゲーム開発に応じて絞り込んだ内容とし、現場で利用されない煩雑な概念は避けます。

なお、本書は情報処理技術者のプロジェクトマネージャ試験に向けた内容ではなく、ゲーム開発の現場における実務的なプロジェクト管理の基礎を学んでもらうためのものです。試験対策にはそのための専門書をお求めください。

本書で得られること

・ゲーム開発プロジェクトの構造を理解する。
・ゲームをはじめとする目的があいまいなプロジェクトの管理方法を理解する。
・ゲームの企画立ち上げにおいて重要な要素の決定方法を学ぶ。
・ゲームの初期開発プロジェクトおよび運営プロジェクトについて特徴を学び、管理に役立てられるようになる。

管理って何だろう？

本書では「管理」と「マネジメント」を同じ意味として扱っています。

日本語の「管理」には管理者が部下を組織の型にはめて機械的に働かせるといった抑圧的なイメージがあります。組織が主、部下が従です。

一方、「マネジメント」については一人一人を大事にする開放的なイメージがあります。これは経営学の大家であるピーター・F・ドラッカーによって書籍「マネジメント」で提唱された考え方の影響が大きいようです。

『組織とは個としての一人一人の人間に対して、何らかの貢献を行わせ、自己実現させるための手段である』と彼は述べています。つまりマネジメントにおいて組織とは人のためにあるのです。

ゲーム開発のように、チームメンバーの創造が積み重なって作品を作り上げるようなプロジェクトでは、メンバー一人一人の自己実現がゲームの成功につながります。

今までの「管理」が「マネジメント」に変わり、自己実現によるプロジェクト成功が増えていくことを祈って、本書では「管理」を「マネジメント」同様のポジティブなイメージで語っていきます。

改めて、管理とは権力者による支配体制のことではありません。

社会や組織の中で一人一人がそれぞれの能力を発揮して活躍できるようにするのが管理です。そのためには皆がやりがいを持って主体的に目的達成を目指していける状況を作らねばなりません。こうした状況は人の能力を引き出して成長させます。

参加者が活躍し、プロジェクトが目的を達成し、成果物が社会に貢献し、関わった参加者や組織が成長して己を実現していく。これこそが管理の意義です。

そうは言っても結局プロジェクトは命令されたことをやらされるだけと思うかもしれません。そうならないためにプロジェクト管理の方法があります。

参加者が自己実現していくには自発的に考えて動く状況が必要です。しかし参加者がばらばらに好きなことをやっていてはプロジェクトは進まなくなってしまいます。

そこでプロジェクトの目的を設定して参加者間で共有し、それを実現するためのコンセプトを全体的な行動指針とすることで参加者の方向性をまとめます。そして目的達成のための行動内容は参加者に任せていくのです。

人は命令されたらその命令に応じた成果しか上げなくなります。人は権限を委譲されて自由を得ることで、自発的に能力を発揮して、成長して、指示を超えた成果が上げられるようになります。

目的やコンセプトが決まっているのに自由があるのだろうかという疑問に対しては、我々の創ろうとしているゲームこそがその答えです。

ルールが決まっているからこそ自由な可能性を追求して、成長して、プレイヤーとしての自己を実現していくのがゲームです。仕事を 1 つのゲームに変えるのがプロジェクト管理とも言えるでしょう。

このゲームをクリアするのは決して簡単なことではありません。プロジェクト管理は安易なチートではないのです。むしろプロジェクトのトップが責任を下に押し付けたり何も考えずに思い付きだけで命令したりといった手抜きプレイを防ぐための手段です。

ゲーム開発プロジェクトは人の才能を結集することで成果物を作り上げます。プロジェクトを成功させるための攻略法はなによりも人に注目することです。そこに手間暇を惜しまないようにしましょう。

プロジェクトのリーダーには大きな権力があるものです。その力は面倒を部下に押し付けることに使うのではなく、皆を自由に活躍させるために駆使してください。それがプロジェクト管理です。

筆者の紹介

筆者は株式会社セガなどのゲーム会社にて、プロデューサー、ディレクター、プランナーとしてアーケードゲーム、家庭用ゲーム、スマートフォンゲーム、PC ゲームの企画・研究・開発を担当してきました。これらで得た経験と知識をベースに、ゲーム開発におけるプロジェクト管理を解説します。

第1部

ゲーム開発プロジェクト管理の概要

I

ゲーム開発の概要

はじめに

ゲーム開発のプロジェクト管理を学び始めるにあたって、まずゲーム開発がどのように行われているのかを見てみましょう。ただしこの章で扱うのはあくまで概要ですので、詳しくは次章以降で解説していきます。

組織が作業を行うときには大きく分けて２つのパターンがあります。ひとつは決まったことを決まった人たちが決まった流れで繰り返して決まった成果を得る「定常業務」、もうひとつは臨時で集まったチームが新たな目的に向けて取り組んで新たな成果を得る「プロジェクト」です。

このうちゲームの開発は主にプロジェクト形式で行われます。

プロジェクトと定常業務

	定常業務	プロジェクト
目的	前から決まっている目的	新しい目的
作業内容	決まったことを繰り返す	新しい作業を始める
作業者	前から決まったとおりの人	臨時で集まった人

ゲーム開発プロジェクトの流れ

ゲーム開発のプロジェクトは様々な段階を経ながら進んでいきます。どのような段階があってそれぞれ何が求められているのかを知ることで、プロジェクト管理を理解しやすくなります。詳しくは次の節から見ていきましょう。

ゲーム開発プロジェクトの大きな流れ

計画

① プロジェクト立ち上げ
② 企画立案
③ 開発計画
④ 収支計画
⑤ 企画承認
⑥ チーム編成

開発

⑦ プロト版
⑧ α版
⑨ β版
⑩ マスター

製品リリース

⑪ 内部承認
⑫ 外部承認
⑬ リリースと不具合対応

運営

⑭ 運営と開発
⑮ 運営継続判断

製品リリースまでの流れ

ここではゲーム開発におけるプロジェクトの立ち上げから製品リリース(発売やサービス開始)までを扱います。プロジェクトの段階は計画、開発、製品リリースと進んでいき、オンラインゲームの場合は製品リリース後に運営が行われます。

計画

まずはプロジェクトそのものの立ち上げから解説していきます。

①プロジェクト立ち上げ

プロジェクトの立ち上げには様々なパターンがありますが、市場の需要を見て企画する「ニーズ型」と企画者のアイディアや新技術から立ち上げる「シーズ型」に大きく分けることができます。

そこからのさらなる区分として「組織から命じられて企画するパターン」と「自ら企画するパターン」があります。なお、命じられて企画するパターンの中にも、プロジェクトの内容を厳密に指定される場合と、市場や期日など大枠の条件(条件枠)を指定されてその枠内での企画を求められる場合があります。

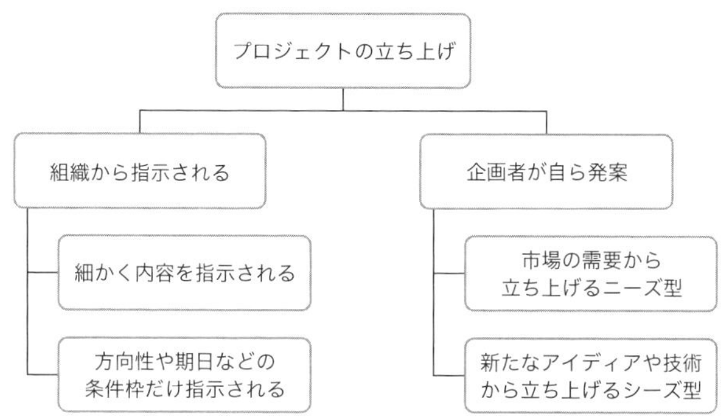

一般的に企画としてイメージされるのは企画者個人がアイディアから立ち上げるパターンではないかと思いますが、そうした企画を通すのはかなりの難問です。組織が求める様々な条件をクリアせねばならないからです。実際には命じられた枠内でシリーズ続編を開発するといった企画が主流になります。

しかし作りたいアイディアがあるのでしたら負けずにアタックを続けましょう。企画は落ちて当たり前、数十本に 1 本通ればいいほうの世界です。落ちたからといってくじけないでください。

また、企画の良し悪しではなく、組織の状況や相性などで通らないこともあります。その場合は無理押ししても通りませんので好機を待つとよいでしょう。

② 企画立案

企画の立案では、① で指定された条件枠や、もしくは企画者のやりたいことを前提として、以下のような企画の要点をまとめていきます。

- 前提：プロジェクトを始めるにあたっての背景、理由など
- 目的：何のためにプロジェクトをやるのか
- コンセプト：目的達成のために何をやるのか
- ターゲット：誰に遊んでもらうのか
- 概要：どんなゲームなのか

本書は企画の立て方を学ぶことが目的ではありませんので、詳細は解説しません。ただし、それでは企画をイメージしづらいと思いますので参考として簡単な企画書サンプルをお見せします。

全プラットフォームに向けた SF 対戦アクションシューターを開発して世界的ヒットを狙いたいというシーズ型企画書です。

企画書の例

アルティマウォーズ

I

企画の前提

日本のゲーム市場は狭くて過当競争，
世界市場に拡大すべき

スマホがメインプラットフォーム化した．
スマホ中心で設計して，家庭用ゲーム機など
の他PFにも広げるのが効率的（従来は逆）

同時リリースして宣伝タイミングも合わせる
のが有利

→世界市場に対して，全プラットフォームで
同時リリース

企画の目的

全世界的に分かりやすいジャンルは言語に
頼らないアクションシューター

バトロワは似たものばかりになってブーム終息
が近い

既FPSのアクション性は低い．今こそ革新す存
るチャンス！

目的：新たなアクション性を追求した対戦アク
ションシューターで，バトロワの次に来るブーム
を作る！

3

コンセプト1　派手な大戦争

SF大戦争

・SF超兵器が激突する大規模戦争で従来の兵士物と差別化
・プレイヤーは未来の戦士として参加、高機動能力で活躍
・スーパーメカが多数登場するダイナミックな未来戦争に参加

ド派手なビジュアル

・大戦争のビジュアルでプレイヤーのハートをわしづかみに！

4

コンセプト2　超人的アクション

このゲームならではの超人的アクションで差別化

高い崖，高層ビル，トンネルなど**三次元的な地形を縦横無尽に駆け抜ける**．かつてないハイスピード＆ダイナミックなアクションを体験

超人的アクションで活躍するための舞台として，**建物よりも高くて超巨大な兵器**が登場．巨大兵器の上を超人戦士が駆け抜けて活躍

I

超人的アクション

プレイヤーの戦士はジェットエンジンで走行速度をブースト！

一定速度を超えると重力を超えたブーストアクションに突入

自在に壁や天井を走りながら戦闘できる！

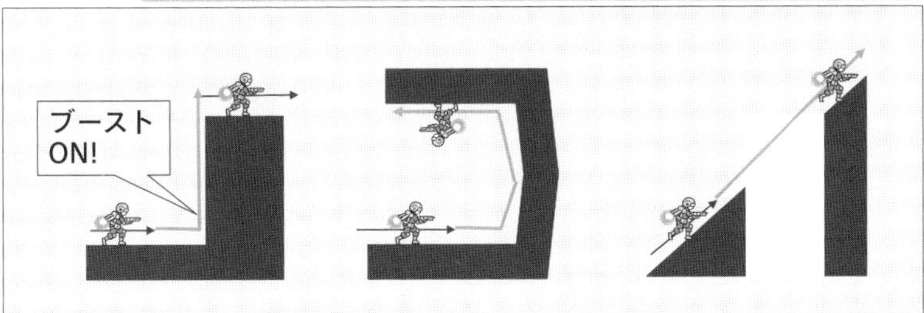

6

巨大兵器

巨大兵器が各軍団の要

- プレイヤーは巨大兵器上を走り回ってダイナミックに破壊，ド派手な攻略を楽しめる！

巨大兵器は動く地形

- ゲーム進行に応じてステージが大きく変化
- 最終的には一か所に集結して大決戦！

7

乗り物

拠点を占拠して乗り物を入手，戦車やロボットなどの兵器に乗り込んで大活躍

- 一兵士を超えたスケールの大きな戦闘を体験
- 様々な乗り物の操縦を楽しめる！

8

基本ルール

複数の軍団に分かれて敵母艦撃破を狙う

9

プレイヤーキャラクター

- プレイヤーキャラは体や武器をカスタマイズできる
- 長期的な改造と個性的なバリエーションを楽しめるように設計
- 射撃，格闘，支援，偵察など個性的な役割を目指してスキル成長
- 多彩なコーディネートでお好みキャラに

10

スマホで簡単操作　目標タッチで簡単移動

- スマホでは移動しながら攻撃しづらかった
- 目標をタッチするだけで自動追尾
- 攻撃と回避の操作だけでOK!

11

スマホで攻撃を簡単回避

自動移動中に敵から攻撃されたら？ → 前後左右に操作でダッシュ回避！

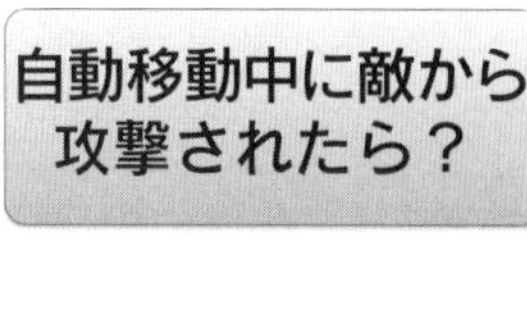

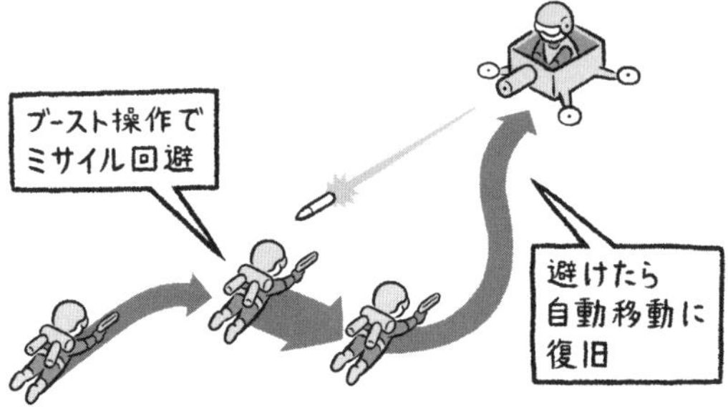

12

スマホで高度な三次元アクション

ブーストエリアに入れ！ → ブーストしてエリアに入れば自動で三次元アクション発動！ → スマホでも高度なアクションが楽々！

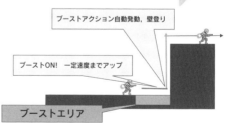

ブーストアクション自動発動，壁登り

ブーストON!　一定速度までアップ

ブーストエリア

13

ターゲット

メインターゲット	サブターゲット
・スマホ，PC，コンソールを使用している全世界の対戦アクションシュータープレイヤー ・荒野行動，PUBG，フォートナイト，APEX LEGENDS Warzoneなどのプレイヤー	・全世界のアクションゲームプレイヤー

14

企画サンプルの収支計画

売上，開発費，広告宣伝費，利益などを想定

プロジェクト管理のテーマから外れるので詳細は省略

15

企画サンプルのまとめ

対象プラットフォーム	スマートフォン（5G想定）/ コンソール/ PC
対象エリア	世界
ゲームジャンル	オンライン大規模対戦アクションシューター
販売方式	F2P　主にシーズンパス
プレイヤー数	数十～最大で数百人を想定

16

以上、企画書のサンプルでした。

この企画書は組織の上位者に向けてゲーム企画の概要を説明するための資料を想定したものです。開発チーム内に向けて説明する場合は、ゲームシステムの細かな機能説明や流れなど、ゲームを開発する際に必要な情報を充実させる必要があります。

また、ビジネス面での判断を仰ぐための企画書を作る場合は、対象市場の分析や中長期的な売上計画、競合の分析と対策など、市場データの分析に基づくマーケティング戦略が求められます。

企画書は誰かを説得するために作るものなので、相手によって内容は変わってくることを頭に入れておきましょう。見せる対象ごとに必要になるデータや視点の一例を以下にまとめます。

組織の上位者向け：

- 組織が企画の価値を判断するための全体的な概要
- なぜ、なんのために、なにを、誰に、どうするのか

開発チーム向け：

- ゲームの遊び方
- 面白さの要点

- ビジュアルの方向性
- 必要となる技術を判断できるようなシステム説明
- 作業工数を見積もるためのボリューム感やスケジュール感
- 開発上のリスク、チャレンジ要素など

経営層向け：
- 企画の概要説明に加えて、ビジネスの判断材料
- 市場分析
- 企画分析
- マネタイズ詳細
- 収支予測
- 販促計画など

社外向け（ゲーム機メーカーなど）：
- 対象にとっての企画の存在意義
- 新たな市場開拓の可能性やシリーズの高い人気などPRポイント

③開発計画

企画書の作成（企画立案）がまとまったら、次は開発計画です。

開発計画では、目的を達成するために必要な人員案、機材案、技術案について、内容、費用、納期などを決めます。この開発計画に無理があると、後からプロジェクト管理をがんばっても取り返すのは難しくなってしまうので注意が必要です。

開発計画は、企画書の目的やコンセプトに基づき、関係者と共に精査して作成することが大事です。独断で進めるのは問題に直結しやすくなりますし、目的やコンセプトがあいまいだと開発計画にも大きなブレができてしまいます。

ただし、ここで立てた開発計画の開発費や期間は予定をオーバーしがちだったり、想定していた人員が回ってこなかったりします。このため、あくまで計画はベースのものとして、収支計画と合わせて現実的な内容に調整していくことになります。

人員案
- 技術能力を満たすか
- 管理能力を満たすか
- 成果物の量と質を満たすか
- 期間内に終わるか
- 費用はいくらか

機材案
- 何が必要か
- 費用はいくらか

- 必要性能を満たすか
- 納期は間に合うか
- 使いこなせるか

開発費を算出
- 予算内か

技術案
- 新たな技術が必要か
- 必要な技術をどのように確保するか

ワークフロー案
- データ作成などの開発段取りをどのように進めるか
- 制作物をどのような段取りで検証するか

開発計画の例：

名前	職種	1月	2月	3月	4月	5月	6月	7月	8月	9月
A	プロデューサー	0.5	0.5	0.5	0.5	0.5	0.5	0.5	0.5	0.5
B	ディレクター	1.0	1.0	1.0	1.0	1.0	1.0	1.0	1.0	1.0
C	プログラムリーダー	1.0	1.0	1.0	1.0	1.0	1.0	1.0	1.0	1.0
D	プログラマ	1.0	1.0	1.0	1.0	1.0	1.0	1.0	1.0	1.0
E	プログラマ	1.0	1.0	1.0	1.0	1.0	1.0	1.0	1.0	1.0
F	プログラマ	1.0	1.0	1.0	1.0	1.0	1.0	1.0	1.0	1.0
合計		6.5	6.5	6.5	6.5	6.5	6.5	6.5	6.5	6.5

例：月に半分だけこのプロジェクトをやっているので0.5

数字は人月工数

開発計画では月ごと、人ごとに人月工数を並べていく

④収支計画

プロジェクトの想定売上から想定費用を引くと想定利益になります。この想定利益が基準以上になるように調整するのが収支計画です。会社によって計算方法や基準が大きく異なりますので、ここでは簡単な概要を説明します。

想定売上は、パッケージ販売、ダウンロード販売、アイテム課金などの販売形態によって想定パターンや計算が異なります。想定費用とされるものは主に開発費、販促費(広告宣伝費)、間接費(光熱費や家賃、間接業務[1]の人件費など)です。

利益は当然ながら黒字が求められますが、ただ黒字であればいいということはありません。利益が1円でもあれば数字上は黒字ということになりますが、それでは会社経

1：売上に直接関係する開発・製造・営業・マーケティングなどの業務が直接業務であり、間接業務とはそれ以外の人事・総務・経理・法務などの業務のこと。利益を算出するには、これら間接業務の費用も含んで考える必要がある。

営の諸経費を満たすことができないからです。費用に対して一定割合以上の金額といった利益基準額を超えることが求められます。

想定利益が基準額を超えるのが難しい場合は、仕様を一部削除して費用の削減を検討したり、広告宣伝の規模を下げてみたり、もっと強気の売上を想定できないかといった調整を行います。

仮にどうしても基準を超えられない場合、プロジェクトは承認されずに中断となってしまう可能性が大です。

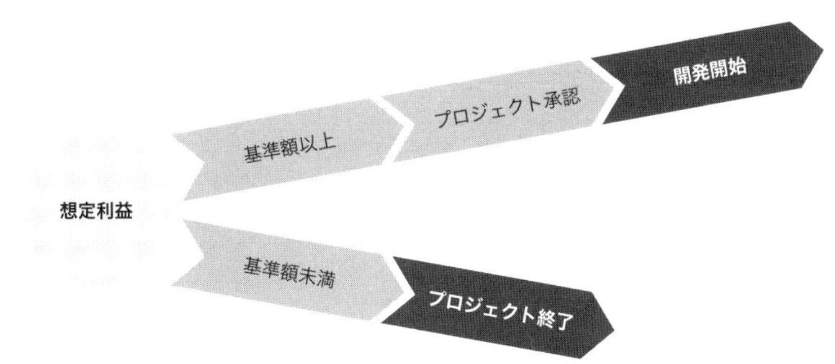

⑤企画承認

企画書、開発計画、収支計画が揃ったところで、そのプロジェクトを開始するための組織内承認を求めることになります。なお組織や承認段階によっては、ここで広告や広報などの販促計画が求められることもあります。

組織の上位者は、

- 技術的な実現性
- 商売的な実現性
- 収支
- 組織戦略における必要性
- 経営方針との合致

などの検討と評価を行って承認するかどうかを判定します。ここで承認してもらえないとやり直しですが、最悪の場合は企画が没になってしまいます。

ただし、承認が下りなかったとしても企画が悪いとは限らないのも事実です。上位者がたまたまその時にやりたいと思っていたことと企画がマッチするのかどうかという運の要因も大きいため、確実に利益が上がりそうなプロジェクトだからといって承認されるとは限らないのが難しいところです。

逆に、上位者の戦略とマッチしたので赤字なのに承認されるということもあります。やってみないと分からないのが企画承認のプロセスだと言えるでしょう。

⑥チーム編成

念願叶って企画が承認されれば、プロジェクト実行のためのチームを編成することになります。編成には会社内のメンバーで編成する内製プロジェクト、別会社に依頼する外注プロジェクト、内外で連携する合同開発プロジェクトなど様々なパターンがあります。最近では海外の会社と共同開発することもよく行われています。

内製の場合、プロジェクトのプロデューサーから各職種のマネージャーに依頼して人員をアサイン（割り当て）してもらうのが一般的な流れです。プロデューサーは各職種（セクション）のマネージャーにプロジェクトで必要な人員をリクエストします。このときプロデューサーは自分のプロジェクトにとって理想的な希望を出します。セクションのマネージャーはプロジェクト内容やスケジュールからプロジェクトに必要なスキル・作業ボリュームを検討し、人員のアサイン案を作成します。マネージャーは対応可能な人員を洗い出して現実的なプランを作成します。このアサイン案についてプロデューサーとマネージャーで確認・調整を行い、プロデューサーの希望とマネージャーの現実をすり合わせてアサイン案を確定します。会社にもよりますが、個性を売りとするキャラクターイラストやシナリオなどは専門の会社やフリーランスに外注することが多いようです。

なお、ゲーム業界では音楽や効果音などの作成を行うセクションと担当者をまとめて「サウンド」と呼ぶことが多いようですが、本書では意味を区別するためにセクションをコンポーズ、担当者をコンポーザーと表記します。

チームの組織図例：

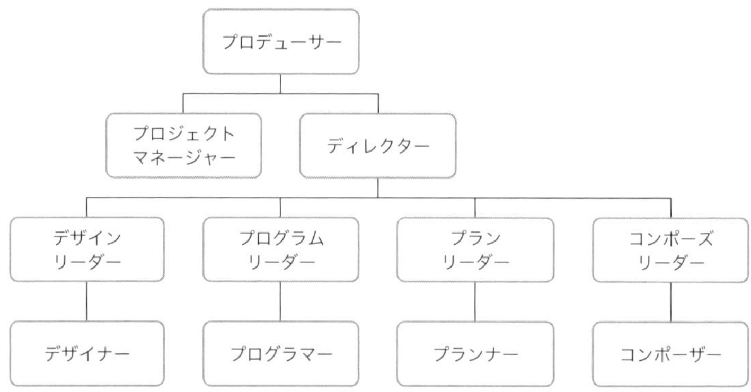

開発

企画承認が済んでチームも編成されれば、いよいよ開発開始です。

開発にあたっては、まず以下のように段階的な目標を設定し、開発と仮説の検証を繰り返しながら段階を進めていくことになります。

⑦プロト版：ゲームの基本部分の面白さ確認や技術検証を行う

⑧α版：仕様を全体的に実装してひととおりの確認を行う

⑨β版：バグや細かな調整を残して、ほぼ完成。最終的な確認を行う

⑩マスター：完成版

これらについては８章で詳細を解説します。そのためここでは一旦省略します。

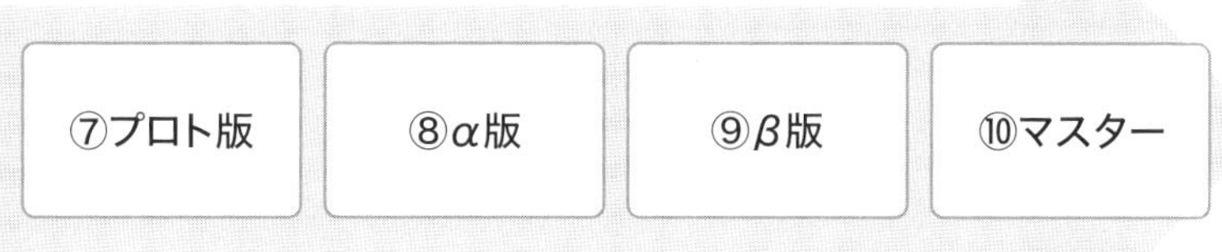

製品リリース

開発が完了すれば遂に製品版ゲームのリリースです。ゲームパッケージの販売やオンラインサービスを開始します。

しかし、プロジェクトチームが完成したつもりになっただけでは完成とは認められません。リリースまでの間にいくつものチェックや検査があり、それらを通過してはじめて製品として販売されることになります。

⑪内部承認

まず、組織内部でのチェック（内部承認）を受けねばなりません。

内部承認では、成果物の不具合や品質について判定が行われます。この判定は、品質保証の専門部署が担当することが多いようです。合わせて、組織が独自に制定した組織内ルールに準拠しているかどうかも判定されます。

⑫外部承認

内部承認が合格になれば、次は外部承認です。

現在、国内、国外ともに家庭用ゲーム機向けのゲームタイトルではレーティング（対象年齢層決め）のための審査が行われることとなっています。

このレーティングは外部の倫理審査機関が担当し、日本ではCERO[2]、アメリカやカナダでは主にESRB[3]が倫理審査を担当しています。

暴力表現、性表現、政治表現など各種表現がチェックされ、その程度に応じて全年齢向けから成人向けまでの対象年齢層が決められます。過度な表現の場合はレーティングを認められないこともあり得ます。

家庭用ゲーム機や携帯端末などの製造販売元（プラットフォームホルダー）は、レーティング無しの販売を認めていませんので、家庭用ゲーム機向けのゲームを製作し販売したいのであれば必ず審査を受けてレーティングを得る必要があります。

なお、レーティングの基準や審査方法、費用は倫理審査機関によって異なります。例としてCEROは次の表に示す5段階でレーティングを行っており、アメリカと比較して暴力表現に厳しく、性表現に緩いのが特徴とされます。

CEROによる5段階レーティング

評価	対象年齢
CERO A	全年齢
CERO B	12歳以上
CERO C	15歳以上
CERO D	17歳以上
CERO Z	18歳以上

最後にプラットフォームホルダーによる外部承認の判定が行われます。プラットフォームホルダーは自社の作成基準どおりに開発されているかを評価して、問題なければリリースとなります。

ここで不合格となった場合は、作成基準に合致するように何度でも作り直さねばなりません。プロジェクトにとっては特に心配なタイミングです。

スケジュールに大きな影響が出てしまうため、プラットフォームホルダーによっては完成前に事前チェックを行ってくれたり、内容に関する相談に乗ってくれたりするところもあります。

2：特定非営利活動法人コンピュータエンターテインメントレーティング機構。
3：Entertainment Software Rating Board。

代表的なプラットフォームホルダー

プラットフォーム	プラットフォームホルダー
iOS	Apple
Android	Google
PlayStation	Sony Interactive Entertainment
Nintendo Switch	任天堂
Xbox	Microsoft
Steam	Valve

⑬リリースと不具合対応

全ての承認を終えれば開発も完了、とうとう製品リリースです。

とはいえ製品に不具合はつきものであり、顧客からサポート部門にクレームが入ったり、SNSなどで思わぬ問題が報告されたりします。あらかじめ、製品リリースから一定期間内に集まった不具合について修正バージョンのリリースを予定しておくと慌てずに対処できるでしょう。

リリース作業をがんばってきたチームからは「絶対に不具合はありえないからそんな計画は不要」と言われることもあります。しかし、残念ながら現代の巨大化したゲームでは完全なプログラムなどありえず、必ず不具合が見つかってきました。不具合は「見つかっていない」だけで「ある」という前提で計画しましょう。

タイトルによっては本編の開発が終わっても追加DLCの開発が直ちに始まることもあります。

また、オンラインゲームの場合はリリースが完了すれば続けて運営サービスが始まり、長期的なサービス継続を目指すことになります。運営プロジェクトの開始です。

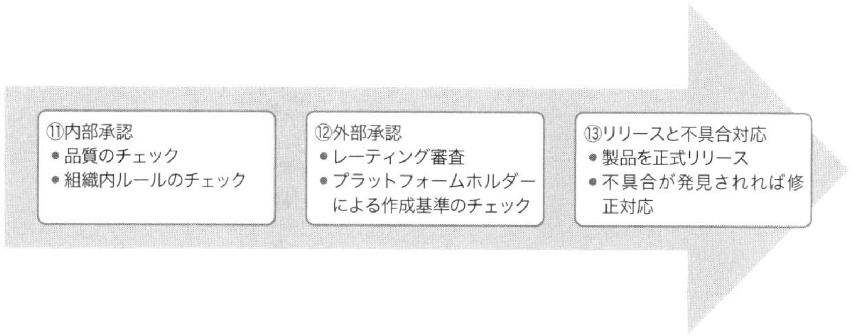

⑪内部承認
• 品質のチェック
• 組織内ルールのチェック
⑫外部承認
• レーティング審査
• プラットフォームホルダーによる作成基準のチェック
⑬リリースと不具合対応
• 製品を正式リリース
• 不具合が発見されれば修正対応

運営

オンラインゲームのサービスでは、製品版のサービスを開始後も運営を長期的に行っていき、新たな機能やコンテンツを開発、追加していくことが一般的です。

製品リリース後

製品リリース後のゲームはサイクルを組んで運営と開発が続けられます。

⑭運営と開発

運営、開発のサイクル内で行われることはおおよそ以下のとおりです。

運営：

一定の期間を定めて運営を行います。運営は基本的に開発とセットで行われます。運営の目的は期間中の売上計画や利益計画を達成することです。このために開発やイベント・キャンペーン開催などの施策や広告宣伝を行い、ユーザーの増加や売上アップに努めます。

開発：

運営施策を実施していくために必要な開発を行います。新バージョンアップのリリース、キャラクターや新ステージなどのコンテンツ追加、ゲームバランス調整、バグ修正などが行われます。

⑮運営継続判断

一定期間が経過すると、運営を引き続き行うかどうかの判断が行われます。判断基準についてはプロジェクトによりけりですが、基本的には売上や利益が一定の黒字条件を満たしていれば継続、そうでなければ終了となります。

継続の場合は次の期間と予算を定めて、また一定期間の運営を行います。

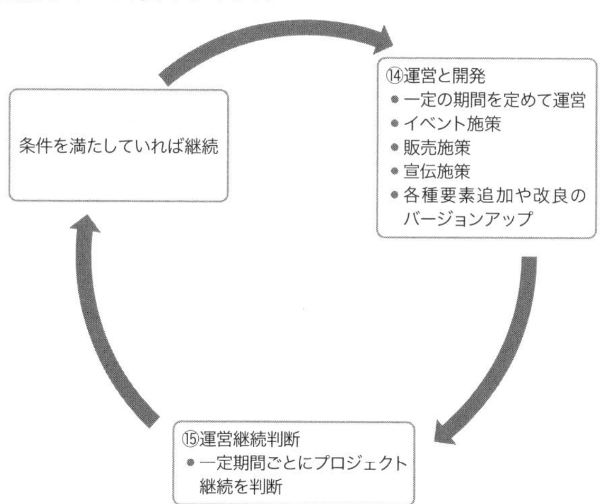
製品リリース後のサイクル：
⑭運営と開発
● 一定の期間を定めて運営
● イベント施策
● 販売施策
● 宣伝施策
● 各種要素追加や改良のバージョンアップ
⑮運営継続判断
● 一定期間ごとにプロジェクト継続を判断
条件を満たしていれば継続

まとめ

ゲーム開発のプロジェクトは、計画・開発・リリース・運営の流れで行われます。本書では主に計画と開発について重点的に解説していきます。

参考書籍

多根 清史

『ゲーム制作 現場の新戦略　企画と運営のノウハウ』

エムディエヌコーポレーション　2017 年

近年のゲーム企画と運営に関する解説の他、各種ジャンルの典型的なタイトルについて企画・運営・プロモーションの手法が紹介されています。ゲーム開発にはどのようなプロジェクトがあってどのように進められているのかを全般的に学ぶことができます。

COLUMN

FPS 普及プロジェクト

今でこそ日本で当たり前のように遊ばれているファースト・パーソン・シューター（FPS）ですが、かつては一部の先端的マニアにしか知られていないジャンルでした。

FPS の大元はアメリカで生まれました。この新しいゲームはアメリカで大人気となり、開発者たちは新技術を開発して FPS を発展させていきました。当時としては高度な 3D グラフィックで表現された壮大な世界を 1 人プレイで冒険していくものや、ネットワークによってチームで対戦するものなど、次々と魅力的な FPS が登場しました。その人気を受け、日本のゲーマーの中でも新しい遊びに敏感な層が FPS に飛びつきました。

やがて彼らの中にこの面白い FPS を日本に普及させたいという夢を持つ者たちが現れたのです。オンライン FPS 大会を開催したり、FPS 解説の Web サイトを作ったり、様々な努力が行われました。

そんな中、日本人向けの FPS を作ることで FPS を広めたいと考える人々も出てきました。FPS 普及に向けた開発プロジェクトの始まりです。

しかし FPS の開発にはこれまで使ったことのない技術が必要であり、海外製の FPS に劣らないクオリティの FPS を作ることは容易ではありませんでした。

そこで彼らはまず多くの人型キャラが撃ちあうシーンのあるゲームを開発しました。これで人型キャラ同士の戦闘表現ができるようになった彼らは、次にシューターらしい派手な戦闘演出のゲームを作りました。さらにネットワークで遠隔プレイできるリアルタイムアクションのゲームも作り、ネットワークのノウハウも得ました。

既存のアメリカ製 FPS も研究し、技術的な準備を済ませた彼らは企画も進めました。アメリカではマッチョな兵士が撃ちあうような生々しい FPS が主流でしたが、日本ではこうしたテイストにあまりなじみがありません。そこで彼らはアニメ的なキャラ表現を使うことにして、自キャラが見えない FPS から自キャラが常に表示されている TPS（サード・パーソン・シューター）に方針も切り替えました。

PC 向けゲームとして生まれた FPS は基本的にキーボードとマウスで操作するものでしたが、この操作方法にも日本人の多くはなじみがありません。調査をしたうえで特になじみにくいのはキーボード操作だと結論付けた彼らはキーボードに代わるスティック操作を開発しました。

こうした努力と工夫を積み重ねてリリースされたゲームは、日本各地で TPS が遊ばれる状況を生み出したのでした。

他にも様々な人々が日本で同じような試みにチャレンジし、今や日本で数百万人のプレイヤーによって FPS ／ TPS が遊ばれる時代が築き上げられています。かつてこの試みに参加した者の 1 人として感無量です。

このように、人々の力が結集されるプロジェクトには世界を変えていく力があります。皆さんの新たなゲーム開発プロジェクトによって起きるであろう未来の革新が楽しみです。

第1部

ゲーム開発プロジェクト管理の概要

ゲーム開発
プロジェクトの概要

定常業務とプロジェクト

「プロジェクト」とは、期間の定めの中で、臨時でチームを編成して共同作業を行い、目的の成果を得ることです。プロジェクトの種類によって、実物を作る、調べる、大会を開催するなどの特徴があり、建築や宇宙探査、スポーツ大会などもそれぞれ１つのプロジェクトと言えます。ゲーム業界、日本国内のみならず、こうしている今も世界中で様々なプロジェクトが行われています。

ゲーム開発に限らず、プロジェクトとはどのような要素で成り立っているのかを見てみましょう。

業務の種類と分類

会社などの組織が行う業務活動は、決まった進め方を期限無く実行し続ける「定常業務」と目的や期間の制限がある中で臨時に進められる「プロジェクト」に分けられます。

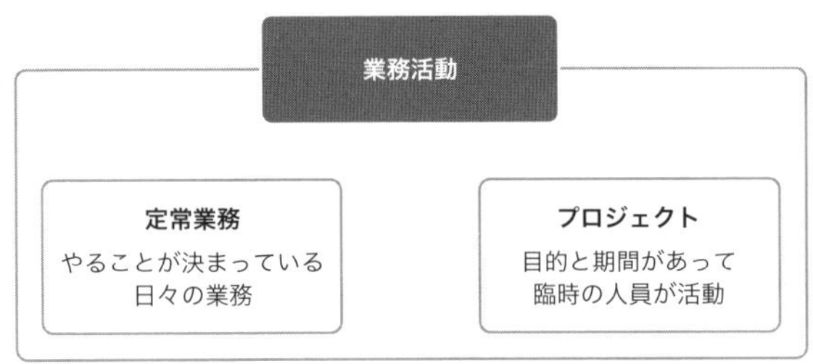

ゲーム開発のように、期間の定めがあって、目的があって、通常の組織とは別に臨時のチームが編成されて、成果物があるという業務はプロジェクトに該当します。

定常業務

定常業務では、作業者や担当者、業務の内容ややり方はある程度（またはそれ以上に）決まっています。単純作業だけでなく、営業回りや販売員等の仕事も定常業務に属します。定常業務で挙げられる成果はおおよそ決まっていますが、逆に言えば常に一定の成果を出し続ける必要があります。定常業務も企業や組織が円滑に回っていくために重要なことであるのは言うまでもありません。

定常業務の特徴

- 日々の要望に対応
- – 組織内で発生する恒常的な作業
- – 営業回り・工場作業・店頭での販売など
- – やり方が決まっている
- – 担当者が固定
- – 成果が決まっている

定常業務の例：鉛筆工場の箱詰め

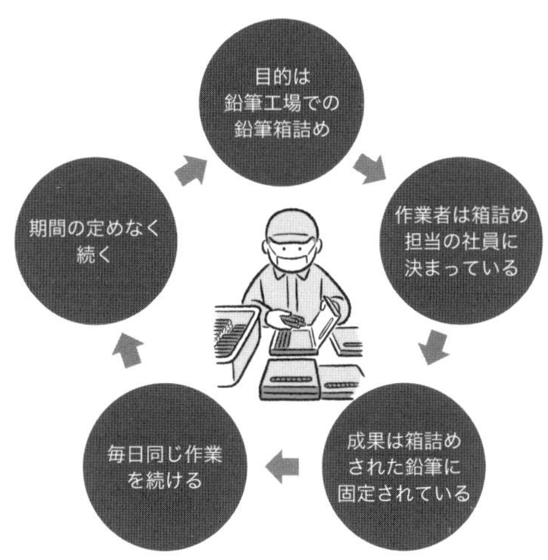

プロジェクト

定常業務に対し、ある目的のために臨時で集められたチームやスタッフによって進行する業務がプロジェクトにあたります。

プロジェクトでは期間内に要求された成果を達成しなくてはなりません。そのための人員が責任者（プロジェクトリーダー等）によって選ばれ、目的を達成するまで共同で業務を遂行します。成果が達成されたら、プロジェクトは解散となりスタッフはそれぞれの定常業務に戻っていくこととなります。

こう書くとやや大仰な印象を受けるかもしれませんが、皆さんも学生生活などでプロジェクトを経験してきているはずです。受験、文化祭出展、定期テストなども立派な「プロジェクト」です。

プロジェクトの特徴

- プロジェクトでは目的達成のために実行者が活動して期間内に成果を得る
- – 目的と成果がある

- 期間（始まりと終わり）がある
- そのプロジェクトのために実行者が選ばれる

- これまでに学校でやってきたことにもプロジェクトといえるものがあるはず
  - 受験、文化祭の出展など

文化祭

プロジェクトの例：文具メーカーの企画開発

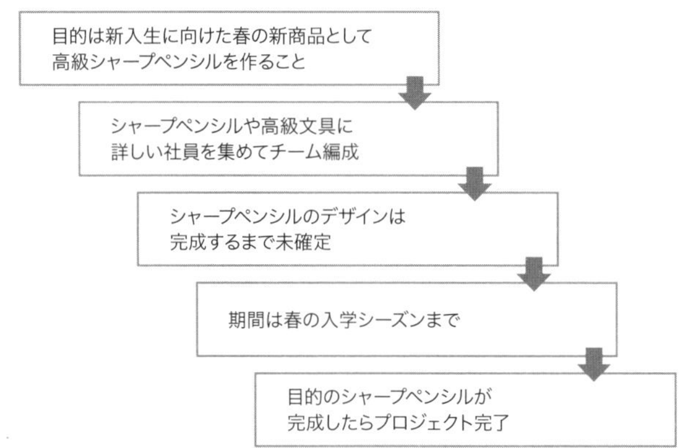
目的は新入生に向けた春の新商品として
高級シャープペンシルを作ること
シャープペンシルや高級文具に
詳しい社員を集めてチーム編成
シャープペンシルのデザインは
完成するまで未確定
期間は春の入学シーズンまで
目的のシャープペンシルが
完成したらプロジェクト完了

ゲーム開発における定常業務とプロジェクト

ゲーム会社における定常業務は、製造したゲームパッケージの在庫管理や流通業者への出荷といった日々発生する営業系の作業や、社員の人事評価、新入社員募集のように年間を通じて定期的に実施される人事系の作業、ネットワークサーバーの保守点検ほか技術系の作業など、様々なものがあります。いずれも会社を支えていくために必要な業務です。

これに対しゲーム会社のプロジェクトは主にゲームの開発と運営です。プロジェクトによって新作ゲームを開発し、パッケージゲームであれば販売、オンラインゲームであれば運営を行うことによって、会社を動かすための売上を得ることができます。また新しい技術を調査したり生み出したりするための研究プロジェクトや、ゲーム運営に必要となるサーバーなどの環境を新たに構築するといったネットワーク整備プロジェクトも行われます。ゲーム開発で使われるツールなどの開発環境を用意するプロジェクトもあります。大きく分ければ、研究、開発、インフラについて様々なプロジェクトが立ち上がっては終わっていきます。

ゲーム会社のプロジェクトには、会社が自ら企画して立ち上がる場合の他、外部企業からの依頼を受注して立ち上がる開発受託プロジェクトのように外から始まる場合もあります。

プロジェクトの構成

プロジェクトとは臨時に立ち上げられて目的が終われば解散する組織です。開始時点では不明点だらけであり、まず自分たちでプロジェクトの構成内容を定めねばなりません。生じやすい不明点、およびその解決のために決めるべきことを以下にまとめます。

プロジェクトの構成内容

プロジェクトの不明点	プロジェクトで決めること
プロジェクトの位置づけがわからない	前提と制約条件（目的・期間・予算）
誰が何をやるのかわからない	プロジェクトの実行者
誰が関係者なのかわからない	ステークホルダー（利害関係者）との関係
方法と段取りが不明	業務プロセス（コンセプト、マイルストーン、タスク管理方法）
スケジュールが不明	開発計画

それでは、それぞれの具体的な解説に移りましょう。

前提と制約条件

まずプロジェクトの前提と制約条件を明確化します。この場合における前提とはプロジェクトを始めるにあたっての背景や理由です。

前提を明確にするために、市場の状況分析や企画の経緯、組織の状況などをまとめます。これによって、関係者はプロジェクトの位置付けや、企画者がプロジェクトを始めようとする動機を理解することができます。

「プロジェクトをスムーズに理解してもらうための導入」が前提だと考えてください。

前提の例：

- 子どももスマホを持つ時代
- ファミリーで気軽に楽しめるスマホ向けゲームが求められている
- Nintendo Switch でファミリー向けゲームがヒットしている
- 組織内にレースゲーム開発者が揃っている

次に制約条件です。制約条件はプロジェクトを進めていく際の制約であり、プロジェクトにおいて守らねばならないルールです。

「新型機に合わせてリメイク」「シリーズの続編」なども条件に含まれますが、特に重要なことは「目的」「予算」「期間」の３つです。これもそれぞれ見ていきましょう。

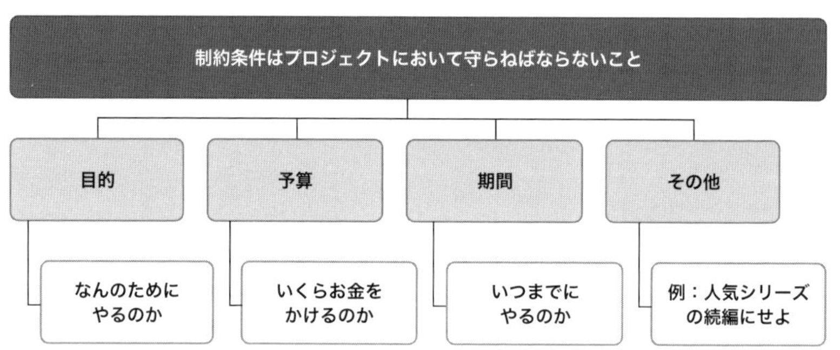

▶目的

目的はそのプロジェクトで必ず達成すべきことであり、プロジェクトの最優先事項です。ビジネスのプロジェクトであれば、売上と利益の目標額を達成することが目的に加わります。

ここで大事なのは「定量的に評価できることを目的に定める」ことです。目標が定量的に評価できないと、プロジェクトが完了した際にうまくいったのかどうかを客観的に評価することができなくなります。

「売上 10 億円、利益 4 億円」といった売上や利益などの具体的な数字を達成することが目的であれば、目的を達成できたのかどうかは明白に判断できます。その結果は次のプロジェクトをどうすべきかを判断するための重要な指針となります。

しかし「新ジャンルで成功する」「面白いゲームを作る」「ヒットする」といった定量性がない目的では、プロジェクトが完了しても目的を達成できたのかどうかあいまいです。そのジャンルに市場性があるのか、作り上げたゲームシステムに価値があるのか、そもそもプロジェクトは成功したのか、客観的な判断結果が得られないので、次に向けた指針として役立ちません。プロジェクトはいずれ終わるものであり、次のプロジェクトのためにあるのですから、今回のプロジェクトのことだけ考えていてはならないのです。

目的：プロジェクトで最重要な達成事項
- 良い例（定量的に評価できる）
- スマホ向けにファミリーで楽しめるレースゲームをリリース
  →ファミリーゲーム市場シェア No.1 になる
- 売上が 10 億円以上、利益が費用の 200％ 以上
- 悪い例（定量的に評価できない）
- 最高に面白いレースゲームを作る
- 大ヒットさせる

予算

予算はそのプロジェクトで使用できる費用の上限額です。

予算額は基本的にはプロジェクトの達成に要する開発費予想や発売後の売上、利益予測とのセットで決まりますが、組織の負担にも気を付ける必要があります。組織で使用できる金額には限界があるのでそれを超えることはできません。年商 1 億円規模の会社で 100 億円を使うプロジェクトは普通に考えて無理ということですね。

規則で上限額が決まっていたり、市場規模から自動的に上限額が見えていたり、会社全体の予算規模から上限を指定されたりと、組織によって様々です。

実際のプロジェクトでもそれらの要素を調整しながら予算額を決めます。

- 要素
- 目的達成に必要な開発費
- 組織が負担可能な限界
- 収支が合う
- 簡単な例
- 目的達成に必要な開発費は 5 億円
- 組織が負担可能な限界は 7 億円、開発費 5 億円は許容範囲
- 売上は 20 億円を想定
- 利益は 15 億円と大きいので収支が合う

期間

期間の設定もプロジェクトでは重要なことです。開発に時間がかかるほど費用も大きくなりますし、年末などの売れる時期に出せることは売上を見込むうえでも大きなプラスになります。

また、組織の事情も要素に入ってきます。並行しているプロジェクトが同時に完成すると売上を取り合うことになりがちですし、「年度内に 1 点出しておきたい」といったこともあるでしょう。

期間は次の要素を調整しながら決めていきます。

- 要素
  - 顧客の要望（売れる時期）
  - 組織の都合（売りたい時期）
  - 目的達成にかかる期間
  - 期間に応じてかかる費用
- 例
  - チームとしては、ファミリー向けに売れる来年冬休みに発売したい
  - 今年の売上が足りないので、今年内に発売変更してほしいと会社から言われた
  - 開発にかかる期間は 2 年間の予定、今年に間に合わない
  - 期間に応じてかかる開発費は 5 億円 /2 年間
  - これを 5 億円 /1 年間にして、人を増やしてリリースを早めることになった

これらの制約条件がなければ自由にプロジェクトを進められるのにと思うかもしれません。確かに予算や期間の制約を守りながら開発をしていくのには苦労しますが、こんな話もあります。

とある開発では実質的にこうした制約がなく、思いついたことを好きなだけいくらでも追求していったそうです。予算は制限なしの使い放題、期間は気の向くまま、夢のようですね。人員は際限なく増え続けましたが、やりたいことも次から次に増えていき、果てしなく開発は続きました。結果として開発費は途轍もない金額に膨れ上がり、とうとう開発にストップがかかって途中バージョンでリリースされてしまい、残念ながら期待ほどの売上には達さずに終わったのでした。

この開発はプロジェクトではなかったと言えるでしょう。結果として残念ながらゴールにはたどり着けませんでした。

大変ではありますが、予算や期間の制約を厳しく守ることは製品内容にも厳しく取り組むことにつながります。制約は製品を良くするのです。がんばりましょう。

プロジェクトの実行者

次に決めていくことはプロジェクトの実行者です。

実行者をどのように決めていくかは組織の人事体制によります。基本的には人事の責任者とプロジェクトの責任者が調整しながらプロジェクトに人員を割り振っていきます。

プロジェクトに必要な実行者の種類もプロジェクトの内容や組織によって異なりますが、ここではゲーム開発での例を挙げます。

ゲーム開発プロジェクトの実行者

役割	業務内容
プロデューサー	• 企画を立案し、予算や開発計画を責任者として決める
	• プロジェクトの総責任者である
	• 売上、利益、プロジェクトの進行に責任を持つ
ディレクター	• 目的に沿ってどういうゲームを作るのかを決める
	• 開発現場の責任者である
	• ゲームの面白さや魅力に責任を持つ
セクションリーダー	• ディクターの指示に基づいてどういうゲームを作るのかを各セクションの責任者として決める
セクションメンバー	• セクションリーダーの指示に基づいてタスクを実行していく

ステークホルダー

ステークホルダーとは、プロジェクトチーム外にいてプロジェクトと重要な関係を持つ利害関係者のことです。

プロジェクトは組織の中の臨時組織なので、開始時点ではステークホルダーが未定です。誰がステークホルダーでプロジェクトに対しどのような関係性、影響力があるのかを整理する必要があります。

ステークホルダーが定まっていないと、プロジェクトを進めるために重要だがプロジェクト内では解決できないような事態が発生した際に、相談をしたり判断をしてもらったりといった相手がいないことになってしまいます。例えば製品の価格を決めるとすれば、売る立場の責任者が必要です。営業部門やマーケティング部門などに適役がいるはずですので、そうした部門に相談して価格担当のステークホルダーを決めてもらいます。このようにステークホルダーはチーム外にいますので、チーム自身で決めるのではなく、チームがかかわる各組織によって決められます。

これはチームと通常組織との関係を定めておくことでもあります。

例：ゲーム開発プロジェクトのステークホルダー
- プロジェクトを承認する社長
- できたゲームを店舗に売る営業部門
- ゲームを宣伝する販促部門
- ゲームの品質をチェックする品質保証部門
- 客からの問い合わせに対応するサポート部門
- メンバーの人事を管理する人事部門
- プロジェクトの技術を支援する技術研究部門
- ゲームを客に売る店舗
- ゲームをプレイする客

例：受験をプロジェクトと考える
前提：今年度は受験生である
目的：入りたい大学に合格する
実行者：自分
予算：親に許される範囲
期間：受験日まで
ステークホルダー
- 予算を出してくれる親
- 受験指導を行う教師
- 受験先の大学

ゲームの現場における業務プロセス

プロジェクトを開始するにあたっては、どのような業務プロセスでプロジェクトを進めていくのかと、成果物をどのような方法で検証して完成を保証していくのかの２点を定めておかねばなりません。

このうち業務プロセスでは、主に以下の点を定めます。これもそれぞれ解説していきます。

- コンセプト
- タスク
- マイルストーン
- 作業計画
- 検証方法

コンセプト

コンセプトとはプロジェクトの骨組みであり、開発の大きなテーマや特徴、指針を簡潔に表したものです。プロジェクトはこのコンセプトを実現させるために動くので、業務プロセスで定めるもののなかでも最重要な工程と言えます。

コンセプトの例：
- パパママからお子さんまで、ファミリーが一緒に競争できるレースゲーム
- スマホやタブレットで手軽に操作できる
- ファミリー向けのキャラとして、全国の人気ゆるキャラを主役に

ここで重要なことですが、ゲーム開発ではコンセプトを最大３種類までにまとめるようにしましょう。コンセプトはタスクの優先度を決めるために使うので、たくさんあると優先度を絞れなくなってしまいます。

タスク

タスクは、開発全体の作業を管理しやすいように細かく分解したものです。誰が、何を、いつまでに、どのように、何のためにやるのかについてひとつひとつまとめたものがタスクです。タスクについては７章で改めて詳細に解説します。

作業のタスク分割：

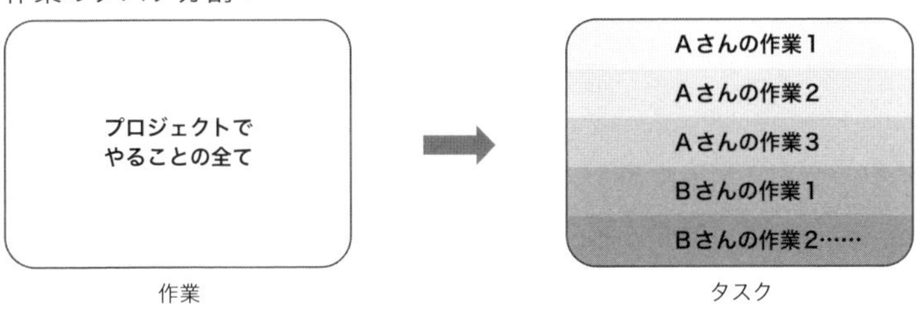

マイルストーン

マイルストーンでは、プロジェクトに段階的な目標を定めます。プロジェクトを進めるうえでは、ある程度の期間や進捗の区切りでそれまでの成果の検証やスケジュールの調整を行う必要があります。この区切りをマイルストーンと呼びます。

オンラインゲームなどで「オープンβテスト」という言葉を聞いたことがある人もいるかもしれませんが、あれもマイルストーンの一種であると言えるでしょう。

マイルストーンの目標：

- どのタスクを完了させるのか
- どのような成果物を作るのか
- いつまでに成果物を作るのか
- どのように成果物を検証するのか

ここで挙げた各要素はそれぞれが関連しあっています。コンセプトを実現するためにタスクを行い、そしてタスクを段階的にまとめたマイルストーンではコンセプトが実現できているのかをやはり段階的に検証していきます。このようにコンセプトありきで考えていきますから、タスクやマイルストーンを定めていくにあたってはコンセプトをまず定めねばなりません。

コンセプトを定めるためには、目的達成のために何が重要なのかを見極めることが第一となります。プロジェクトの目的は何かという最優先事項を常に意識しながら業務プロセスを定めていきましょう。

ゲーム開発プロジェクトでのマイルストーンの例：

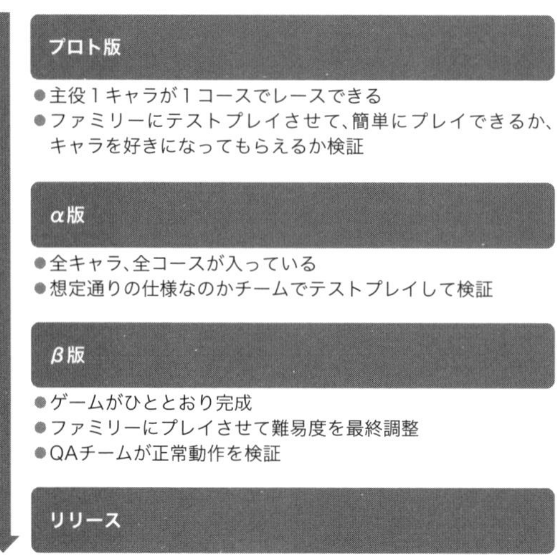

プロト版
●主役1キャラが1コースでレースできる
●ファミリーにテストプレイさせて、簡単にプレイできるか、キャラを好きになってもらえるか検証
α版
●全キャラ、全コースが入っている
●想定通りの仕様なのかチームでテストプレイして検証
β版
●ゲームがひととおり完成
●ファミリーにプレイさせて難易度を最終調整
●QAチームが正常動作を検証
リリース

マイルストーンについても８章で改めて解説します。

作業計画

作業計画は、チームメンバー全体がいつどのような作業を行うのかの詳細な計画です。マイルストーンに基づいて定められます。

この作業計画によってプロジェクトの人月工数が定まり、費用を算出できるようになります。

企画書作成の作業計画例：

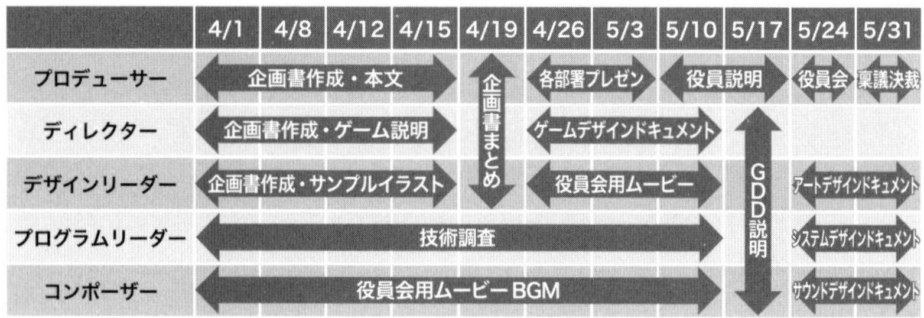

4/1
4/8
4/12
4/15
4/19
4/26
5/3
5/10
5/17
5/24
5/31
プロデューサー
企画書作成・本文
企画書まとめ
各部署プレゼン
役員説明
役員会
稟議決裁
ディレクター
企画書作成・ゲーム説明
ゲームデザインドキュメント
GDD説明
デザインリーダー
企画書作成・サンプルイラスト
役員会用ムービー
アートデザインドキュメント
プログラムリーダー
技術調査
システムデザインドキュメント
コンポーザー
役員会用ムービーBGM
サウンドデザインドキュメント

仕様作成の作業計画例：

検証方法

各マイルストーンでは、それぞれの目標が達成できているのかどうかを検証します。面白さを検証するのであればそのプロジェクトが対象としている層に合致する人々を集めてテストプレイの上でアンケート評価を行ったり、製品の品質を検証するのであれば品質評価の専門家である品質保証部署の担当者が作成基準などのルールに基づいたチェックを行ったりと、検証内容に応じて様々な検証方法が使われます。

検証方法を明確にすることはプロジェクトの目的を明確にして、プロジェクトメンバーの進む道を指し示すことでもあります。これがあいまいで、その場になって感覚で判断したりゴールを動かしたりしているとプロジェクトはチームの信頼を失い、やる気を削いでしまいます。

方法自体と検証の基準を共有してプロジェクトを進めましょう。

開発計画

マイルストーン、作業計画、検証方法をまとめた計画が、開発計画となります。開発計画はプロジェクトを承認してもらうために必要な説明資料であり、プロジェクトは開発計画に基づいて進められます。

なお、承認してもらうための「見せる開発計画」と実際の開発でチームが「使う開発計画」は求められる情報が異なってきます。「見せる開発計画」は組織の定めるフォーマットに基づいて提出することになると思いますが、「使う開発計画」ではマイルストーンやタスクを踏まえて、各メンバーがそれぞれ何をやるのか、そしてどこを目指して進むのかが明確になっている必要があります。今どきであればプロジェクト管理ツールを使って開発計画をまとめていくとして、ただ用意するだけでなく、チームメンバー全体がマイルストーンを共通認識できるように進めていきましょう。

ゲーム開発プロジェクトの特徴

ここまでで解説してきたプロジェクトの要素と進行は、ゲーム業界のみならず多くの組織や職種でもおおよそ近しいものになるでしょう。

ただし、ゲーム業界、特にゲーム開発については他の分野と比較して極めて大きな違いが存在します。それは「5W1Hが不明確」であることです。

まず、ゲーム以外のプロジェクトにはどのような特徴があるのか考えてみましょう。例えばサッカー大会プロジェクトの5W1Hを考えます。この5W1Hは明確に決まっています。

Who	誰が	サッカー大会運営者が
What	何を	サッカー大会を
Whom	誰のために	大会参加するサッカーチームのために
Where	どこで	サッカー大会用の競技場に
When	いつ	サッカーチームにとって参加しやすい時期に
How	どうする	サッカー大会を開催する

ではゲーム開発のプロジェクトだとどうでしょうか。ゲームを0から企画して作る初期開発プロジェクトだとします。

Who	誰が	(しいて言えば開発者？)
What	何を	ゲームを
Whom	誰に	(購入者のため？)
Where	どこで	不明
When	いつ	不明
How	どうする	遊ばせる

このように、「ゲームを遊ばせる」ということ以外は不明確です。

ゲームを作るプロジェクトはアイディア次第でなんでもあり、5W1Hは分からないことだらけです。その分新しいことや閃いたことを実現できる可能性は高まりますが、不明瞭な目的のまま突き進んでしまい手詰まりに追い込まれるリスクも存在します。

ゲームはプレイヤーの心を動かすために作られるものです。

今までにない面白さのシステムを発明してプレイヤーを驚かせたり、美しい映像でプレイヤーの目や心を奪ったり、音楽やストーリーなどを表現することで感動を呼び起こしたり…。こうした心の動きは今までにないものを創造することによって実現されます。

今までにない面白さをどうやれば作れるのか、本当に目的を実現できるのか。面白さや美しさといったあいまいな基準をどうすれば達成できるのか。このように、答の分からない問題に取り組むのがゲーム開発プロジェクトです。

分かることだけをやって楽にすませたいところですが、それだと新しいゲームにはならないのが難しいところです。ゲームの面白さにとって新しさは大きなウェイトを占めています。面白くしたければ新しさは重要です。面白いゲームを作るためには、未知への挑戦からは逃げられません。

まとめ

会社の業務には定まった組織が同じ作業を繰り返す定常業務と臨時のチームが新たな成果を目的として期間を定めて行うプロジェクトに分かれます。ゲーム開発はプロジェクトとして行われます。

プロジェクトを立ち上げるにあたっては前提と制約条件を定め、開始にあたっては目的、コンセプト、マイルストーン、作業計画、検証方法の業務プロセスを決めてから進めることになります。

一般的なプロジェクトと異なり、アイディア次第で新しいことに挑戦していくゲーム開発プロジェクトでは5W1Hが不明確です。不明確なまま進めてもプロジェクトは混乱し、チームメンバーは疲弊してしまってうまくいきません。

無駄な作業、無意味なやり直しなどは人からやる気と自己実現の機会を奪い、プロジェクトを失敗させます。

管理とは人を機械的に作業させるための支配ではなく、一人一人の自己実現からプロジェクトの実現に至るための人を活かす方法です。目的や制約条件、業務プロセスを明確にすることで、メンバーが自己実現していける場を作り上げましょう。

考えてみよう

これまで経験してきたことからプロジェクトといえるものをひとつ挙げて、その前提、制約条件、プロジェクト実行者、ステークホルダーをリストアップしてみましょう。

参考書籍

ピーター・F・ドラッカー
『マネジメント[エッセンシャル版]』
ダイヤモンド社 2001 年

マネジメント論のエッセンスを初心者向けに 1 冊にまとめた本格的入門書です。入門書とはいえ大変歯ごたえがある内容ですが、組織と人との関わりや社会における意義などのマネジメント論を通じて、主体的な働き方と生き方を学ぶことができます。

前田和哉
『図解即戦力　PMBOK 第 6 版の知識と手法がこれ 1 冊でしっかりわかる教科書』
技術評論社 2019 年

プロジェクトマネジメントの知識を体系化した PMBOK について分かりやすく図解されており、プロジェクトマネジメントの知識と手法を学ぶことができます。ゲーム以外のプロジェクトマネジメントについて広く学びたいときに役立ちます。

COLUMN

全て S

あるプロジェクトでは目的が決まっておらず、コンセプトも謎でした。この状況では、どのタスクがどれよりも重要なのかといった優先度を決めるための基準が存在しません。

それでもタスクは日々増えていって、現実的に対応できる量をあふれてしまいました。どれを優先するのか決めてもらわないともう作業を進められない状況です。

そこで優先度を決める会議が開かれました。しかし、やはり優先度を設定するための基準がないのでどれも重要に思えます。

このタスクの優先度は最高の S。

次のタスクも S。

あれも S、これも S。

タスクはことごとく優先度 S になって、どれを優先すればいいのかわからないままに会議は終わったのでした。

その後、トイレの壁に「どれも S かよ」という落書きが残されていたそうです。恐ろしいですね。

ゲーム開発 プロジェクト管理の例

プロジェクト管理の重要性

いきなり「ゲーム開発のプロジェクト管理」と言われてもイメージが湧きにくいことでしょう。しかし、プロジェクトはえてして失敗するものです。まずはそのパターンと原因について学びましょう。

ゲーム開発プロジェクトの失敗例

残念ながら、ゲーム開発プロジェクトは頻繁に失敗します。かくいう私も大小あれこれと失敗してきました。ありがちな失敗のケースを例示するので、それぞれ見てみましょう。

①数字でっち上げプロジェクト

過剰に売れることになっている企画が立てられてしまうケースです。

会社全体が大きく成長する前提で企画を推進していると、プロジェクトそれぞれが大成功せねばならなくなって、無理やりな売上数字がでっち上げられます。

とにかくヒットすることに「なっている」ので無茶な投資がまかり通り、実現性からは目がそらされます。結果として、売上は実現できず赤字になって会社の目指した数字を下回ります。

②後回しプロジェクト

どのように開発を進めていくのか計画せずに急いで企画を立ち上げるケースです。

後になってからようやく本腰を入れて計画を立ててみると、できそうもない仕様や足りない要素がたくさん見つかり、予算も人員も足りず大幅に遅延して大問題になってしまいます。プロデューサーが事前の調査や計画をサボると発生します。また、人材不足などの問題があるとわかっていても会社に隠して自分の企画を承認させ、承認された以上は人員不足の責任は会社にあるとしてチーム外にしわ寄せを押し付けてくる困ったパターンもあります。

③後付けプロジェクト

プロデューサーやディレクターなどの思い付き、外部からの物言いなどで作業が追加され、次から次にやることが増えていくケースです。やることは増えてもそのための予算や期間は増えないことが多く、どこかで破綻するか、本当に大事だったはずの中核が削られてしまいます。

④ゴールがないプロジェクト

あまりにも難しすぎて到底実現できない企画に対し、やる気にあふれたメンバーたちが前向きに企画を開始するのですが、不可能なゴールを目指す作業が果てしなく続くことになって地獄のような日々になる不幸なケースです。

どこかで中断してプロジェクトが消えるか、そのときまでにできたものを強引にリリースすることになります。

さらにこれらのケースは重なり合うこともあり、より大きな失敗を生じてしまいます。

これらの失敗は、

- 実現性を考慮しない（ので実現性が分からない）
- 計画を立てない（ので今後の予定が分からない）
- 見直さない（ので現状の問題が分からない）

という 3 つの「分からない」から主に発生します。

そのため、プロジェクト管理ではこの逆を行っていきます。

- 実現性を考慮
- 計画を立てる
- 見直していく

これらによってプロジェクトを目的に向けて着実に進めていくことができます。

ゲーム開発プロジェクトの計画管理例

ここでは架空のゲーム企画を題材に、プロジェクト管理なしだとどう失敗して、プロジェクト管理ありだとどう成功するのかを見てもらいます。

ゴールの設定

プロジェクトでは、計画に基づいて何かを作り上げます。

世界には様々なプロジェクトがあり、絶え間なく進行しています。例えばマンションの建設もそのひとつです。

マンションは建てる前から何のために使われてどのような機能が求められるのかが分かっています。途中で変更や追加はあっても、監視カメラの追加や室内レイアウトの配置換えといった細かな変更です。マンションがデパートに変わったりはしません。

ところが前の章でも触れたとおり、ゲーム開発には決まったゴールがないという特徴があります。面白くさえあればどんなゲームでもいいのです。最後にできるものがゲームだったらマンションが宇宙船になったってOKです。ボリュームだって制限はないのですから作り放題、地球をまるごと再現して数百万人がプレイできるようにして、なんなら宇宙まで作り込むなんてことも考えられます。

このようにゲームに決まったゴールがないということは、つまり終わりなくいくらでも作り続けられてしまうということです。これでは永遠に完成しません。

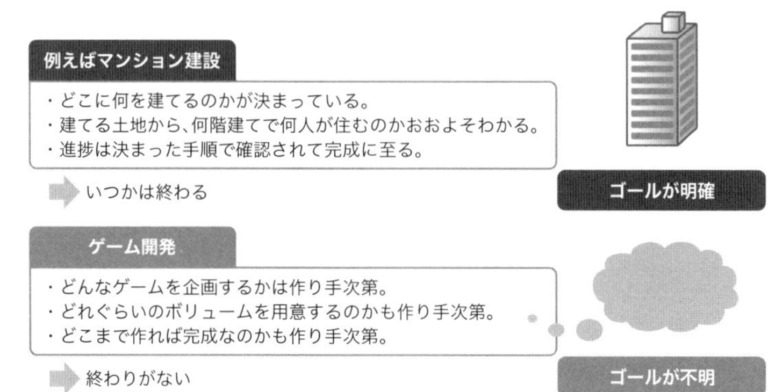

プロジェクトを終わらせるためには自分たち自身でゴールを定めねばなりません。そのために、そのゲームで最も重要なことは何かを考えて、それをプロジェクトで最重要とする「目的」に定めます。ゲーム開発はその目的を達成するために行って、目的を達成できるものができあがったらゴールに到達したものとして完成扱いにします。

ここでのポイントは「内容」をゴールにするのではなく、目的達成という「条件」をゴールにすることです。ゲーム開発の中では、より良いものを作るために作りたい内容は変化していくものです。内容をゴールにしてしまうとゴールもそれに合わせて変化してしまうため、目的達成という条件を動かないゴールとして定めるのです。

プロジェクトの目的設定：

失敗例	行先不明	・ゲームを筋道なく作っても迷走するだけ
対処法	筋道を作る	・目的、コンセプト、タスク、マイルストーン
どうするか	目的を定める	**・プロジェクトの柱となる目的を真っ先に決める** ・プロジェクトはこの目的を達成するために行う

目的の洗い出し

目的を仮に「小学生に県内の地理を楽しく覚えてもらうゲームの開発」としてみます。

あなたは小学校から頼まれて、「小学生が授業で楽しくプレイしながら自然に県内の地理を覚えられるシリアスゲーム[1]」を作ることになった、と考えてください。製品の売上や利益を考える必要はありません。楽しさと学習を両立させることが大事です。また小学生のプレイに適した内容にせねばなりません。

チームのリーダーとして、プログラマーやデザイナー、プランナーたちとチームを組んで作ります。あなたの肩に彼らのやりがいと未来、そして小学生たちの楽しい時間と学びがかかっています。責任重大ですね！

目的例	小学生に県内の地理を楽しく覚えてもらうゲームの開発

ところでここでは「目的」を決めましたが、「目的」と「目標」はどう違うのでしょうか？

目的を必ずたどり着くべきゴールだとしたら、目標は目指す基準です。例えば仕事の目的が「ゲームを完成させること」だとして、目標は「そのゲームで80％のプレイヤーに面白いと評価してもらえること」、といった風に定義できます。目的には「行動」を、目標には「結果」を設定するとも言えますね。

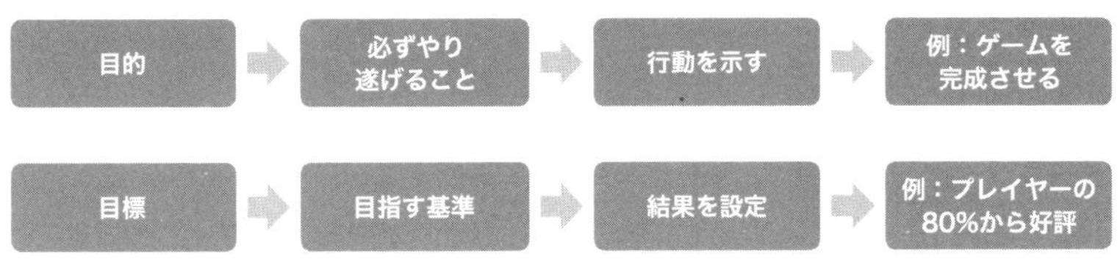

企画の最初に目的を決めるのは、つまりそのプロジェクトで行うことを決めているのです。

タスクの洗い出し

さて、目的が定まりました。

目的を実現するにはいろんな作業をしていくことになります。まずはゲームでどんなことをしたいのかを洗い出して、それらを作るための作業をリストアップしましょう。

作業には大きなものから小さなものまでありますが、最小限に分解した作業のことを本書では「タスク」と呼びます。

1：教育や社会問題の解決に役立つように作られたゲームをシリアスゲームと呼ぶ。ユーザーはゲームを遊びながら対象について学ぶことができる。

例えばインスタントラーメンを作るとします。作業を細かく分けて、「お湯を沸かす」、「調味料を入れる」、「お湯を注ぐ」、「3分待つ」の4作業をリストアップしてみました。このそれぞれがタスクになります。つまりこのラーメンを作るプロジェクトは4つのタスクからできているということです。

タスクをどこまで分解するかは関係者にとっての分かりやすさによります。調味料を入れる作業について「調味料の袋を容器から取り出す」「調味料の袋を切る」「調味料の中身を容器に入れる」「調味料の袋を捨てる」と細かく分解することもできますが、煩雑で分かりにくくなっていますね。ここでは自分にとって分かりやすい単位にタスク分解していきましょう。

では「小学生に県内の地理を楽しく覚えてもらうゲームの開発」という目的を達成するために必要なタスク案を挙げてみます。なお、タスク案の段階では作業を最小限に分解する必要はありません。まずはやりたいアイディアをそのまま挙げてみてください。

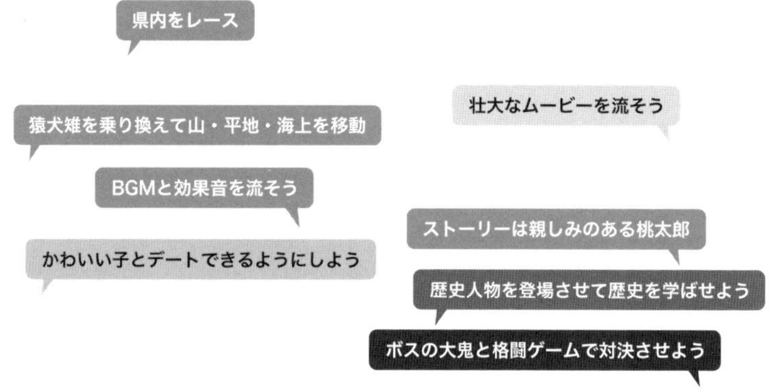

いろんなタスクが洗い出されました。例に挙げたタスク案のひとつひとつが最小限の作業に分解されてタスクになります。

もっと時間をかければいくらでもタスクは出てくるでしょう。作っている最中にも新しいアイディアを思いついてタスク案は増えていくものです。開発チームの外からも、あんなことをやろう、こんなことも面白いんじゃないかと言われたりします。やりたいタスク案は際限なく増え続けていくものなのです。ただし、アイディアが浮かぶのは悪い事ではありませんが、それを全て拾い上げていてはきりがありません。

そこでタスク案それぞれの優先度を決めることにします。優先度を決める基準は「それが目的達成のためにどれぐらい重要か」です。

「小学生に県内の地理を楽しく覚えてもらうゲームの開発」という目的のためにどのタスク案がどのぐらい重要なのかをよく考えてみましょう。

いくら魅力的であっても、なくても目的達成に影響しそうもないタスク案はいらないタスク案です。あってもなくてもどちらでもいいようなタスク案があるとすれば、それはなくしたほうがいいタスク案です。なくすと目的を達成できなくなりそうなタスク案があれば、それが重要なタスク案です。

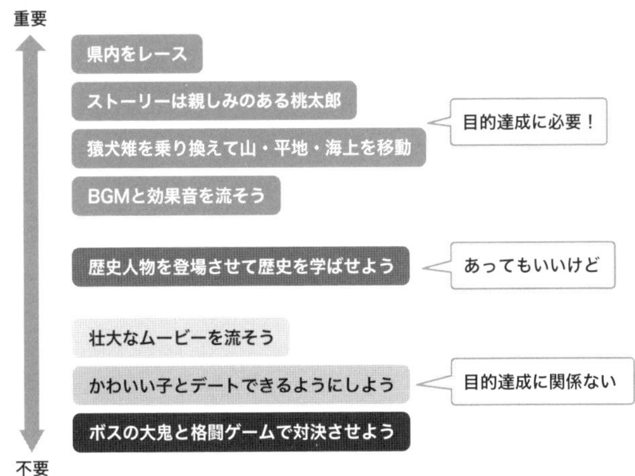

重要度でタスク案を並べた結果が上のようになります。実際にゲームを開発するときにはこの数百倍から数千倍細かくタスク案を分解していきますが、ここでは流れを理解してもらうために大きな粒度[2]で分解しています。

タスク案の中でも「BGMと効果音を流そう」は、学習のためには必ずしも必要ではありませんが、ゲームとして成立させるためには必ず求められるものと判断してみました。サウンドがないゲームは遊ぶ気にならないですよね。

コンセプト決め

こうして挙げたタスク案を使ってコンセプトを決めましょう。

ここでのコンセプトとは、目的を達成するために不可欠で最重要なタスク案のことです。ゲームを開発するための骨格であり、このコンセプトに役立つかどうかで様々なタスク案の重要性を判断します。

コンセプトを決めるにあたっては、タスク案の中から目的達成に不可欠なものを絞って選びます。このとき大事なこととして、「コンセプトは最大3つにとどめる」ことを徹底しましょう。

あれもこれもコンセプトに入れたくなりますが、それは企画を十分に練り込めていないからです。コンセプトが多すぎると、重要性を図るための物差しに使えなくなってしまいます。心を鬼にして選んでください。

目的もコンセプトも重要性を考えて優先度を決めるためにあります。どうして優先度

2：物事を分解する時の細かさの程度。

がそんなに大事かと言えば、最初に述べたとおりゲーム開発には決まったゴールがないからですね。無限にやりたいことがあるゲーム開発を終わらせるためには、やりたいことの優先度が必要です。

今回は以下の３つをコンセプトとして定めました。

さて、「小学生に県内の地理を楽しく覚えてもらうゲームの開発」という目的のために３つのコンセプトを決めました。これで企画の立ち上げに必要な基本要素を設定することができました。

なお実際のプロジェクトでは締め切りや予算などの様々な制約条件も決めていきますが、ここでは割愛します。

また、この目的、コンセプト、タスクと分解していくやり方は本書での例であり、著者の考える手法ですので、必ずしも業界各社で採用されている普遍的な方法というわけではありません。組織によっては、目的がなくていきなりゲームデザインのコンセプトから始まるタイプの企画書も多いようです。本書では会社組織内でのプロジェクトを想定していますので、会社向け企画書として、会社に提示せねばならない企画目的を重視しています。

マイルストーンの設定

ここからはタスクの進め方を見ていきます。

タスクは大量にありますので、個別に管理していては大変です。そこでタスクをまとめて管理する概念として、マイルストーンを設定します。

マイルストーンとは開発を段階的な期間に分けて進める方法です。開発期間を「基本要素を作るマイルストーン」から、「要素全体を作るマイルストーン」、「最終的にゲームを仕上げるマイルストーン」へと分割し、それぞれの区切り成果の確認と検証を行います。

コンセプト（目的達成のために最重要なタスク3つ以内）

・県内をレース
・ストーリーは親しみのある桃太郎
・猿犬雉を乗り換えて山・平地・海上を移動

▶ マイルストーンの分割

それぞれのマイルストーンで行うタスク、マイルストーンの締切、マイルストーンで確認することを決め、各マイルストーンが完了するタイミングで、作ったもの（成果物）が目的やコンセプトを達成できるものになっているかという仮説を検証し、今後のマイルストーンを見直します。

マイルストーンは基本的にプロト版、α版、β版と進んでいき、マスターに到達すれば完成です。

マイルストーンの流れ：

プロト版	基本的な遊びが完成 基本がコンセプト通りか確認できる
α版	全仕様をひとまず実装。未調整 全仕様を確認できる
β版	全仕様が完成 最終調整と不具合修正を行える
マスター	全タスク完了。完成！

いわゆるスケジュールとマイルストーンは同じようなものに思えるかもしれませんが、両者は似て非なるものです。

スケジュールは決まった順番で作業を進めていくためのもので、順番ごとに終わらせる日付が固定されています。それに対してマイルストーンは、実装[3]してみたタスクが目的やコンセプトを達成できるのかという仮説を検証し、今後の予定を柔軟に見直していくサイクルです。スケジュールは決められたとおりに行い、マイルストーンは主体的に決めて柔軟に調整していくのが大きな違いです。

スケジュール：

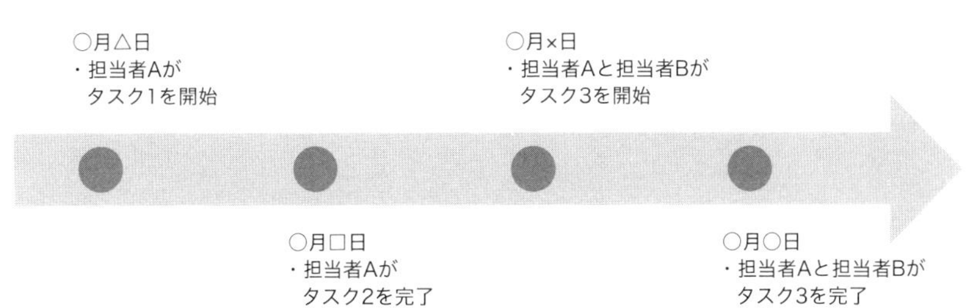
○月△日
・担当者Aが
タスク1を開始
○月□日
・担当者Aが
タスク2を完了
○月×日
・担当者Aと担当者Bが
タスク3を開始
○月○日
・担当者Aと担当者Bが
タスク3を完了

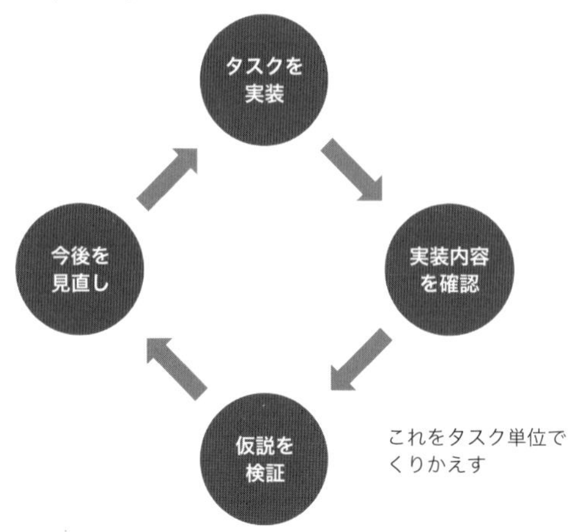

マイルストーンを設定したら

さて、企画例に基づいてマイルストーンを設定してみました。

プロト版、α版、β版と進むにつれて、検証する仮説の範囲が大きくなっています。それぞれ見ていきましょう。

①プロト版

プロト版ではコンセプトの中でも一番上にある「県内をレース」が目的達成できそうかを検証するため、県内をレースできることだけに内容を絞ったプロト版ゲームを開発します。小学生が楽しく地理を覚えられることが目的なので、それができているかを確認する（検証方法）ために実際の小学生にプロト版ゲームをプレイしてもらいます。

②α版

α版ではゲームの仕様[4]全体が目的達成できているのかを検証します。検証方法としては、開発チームが皆でプレイして仕様を確認していくことにしました。

③β版

β版では最終的な完成に向けた検証を行います。仕様全体が完成したβ版ゲームに対してバランス調整や不具合修正を行い、これらが完了すれば念願の完成です。

3：コンピューターのハードウェアやソフトウェア環境にプログラムやデータを組み込んで動作できる状態にすること。

4：ゲームにおける仕様とは、ゲームの動作やデータなどの詳しい設計のこと。仕様が書かれた仕様書に基づいて開発は行われる。

各バージョンで行うこと：

プロト版	シンプルな「犬に乗って目的地まで走るゲーム」を作り、 小学生のテストプレイで基本要素の面白さを検証。
α版	「犬で道を走り、猿で山を越え、雉で海上を飛んで、時間内に 県内を回るゲーム」を作り、コンセプト通りかを開発チームで検証。
β版	「仕様がひととおり完成したゲーム」を作って、 最終的な難易度調整と不具合修正を行う。

END日への日程管理

マイルストーンを定めたとしても、人間のやることですから予定どおりに物事が進まないことは普通です。

マイルストーンの当日になって、フタを開けてみたら何もできていなかったということがあるかもしれません。そんな事態を防ぐためにも、マイルストーンの途中にEND日を設定するのがよいでしょう。

マイルストーンの日付に向けて、仕様書の締め切りとなる仕様END日、実装の締め切りとなる実装END日、調整の締め切りとなる調整END日を設定しました。仕様END日はやることを決め終わる日であり、実装END日はひととおり機能を入れ終わる日、調整の締め切りは機能の調整まで完了する日です。調整作業は予定から見落とされたり、実装作業に含むのか含まないのかの認識がずれていたりということもよくあります。こうした事態を避けるために、あらかじめ実装END日と調整END日を分けて管理することが重要です。

仕様作成期間	実装期間	調整期間	マイルストーン完了
・仕様END日に完了	・実装END日に完了	・調整END日に完了	

調整 END 日は実質的にマイルストーンの日付と同じになります。

こうして段階的な締切を設定しておくことで、全然できていないと締切日になって言われたり、実装はしたけど調整はまだだったり、といった事態を防ぎやすくなります。

ゲーム開発プロジェクトの開発管理例

ゲーム開発プロジェクトでは新しいことに挑戦していく以上、想定外のトラブルが起きてしまうものです。そんなときにはどう対応して解決していくのかという例を見てみましょう。

作業が遅延したら

マイルストーンを設定して、各 END 日を決めて、いよいよ開発開始です。

万全の計画を立てたはずですが、それでも遅延してしまったらどうしましょう。

最悪なのは「とにかく死ぬ気でがんばる」ことです。これを選んでしまうと、遅延を取り戻すことはなくチームは疲弊するだけに終わってしまいます。なぜならばチームはここまでもずっとがんばってきているからです。

基本的に、状況を変更しないかぎり、遅延が解消されることはありません。ここではプロジェクト管理で状況を変更することによる解決を考えます。

県内二十か所のコースが間に合わない

雉が飛ぶプログラム未完成

雉のデザインに未着手

遅延に対しては、タスクの中で重要性が低いものを見直し、タスクの削除や後回しといった変更を行います。これによって目的は守りながらも遅延を減らしていくことができます。

この企画例の場合は、猿犬雉の3種類からキャラクターを使えることにしていましたが、地上を走るレースゲームの中で雉は特殊な存在でした。特殊ということは作るために特別なプログラムが必要になって手間がかかるということでもあります。

そこで雉が飛ぶ予定だった海上をゲームから省略し、雉をプレイヤーが使うキャラクターから外して飾り的な扱いにします。

これによって県内の地理を楽しく覚えるという目的は守りながらもタスクの手間を大きく減らすことができました。実際のゲーム開発でも比較的重要性が低いキャラクターを削除したり、他のキャラクターにまとめたりといった調整はよく行われます。

このように、マイルストーンは日付を守るための固定スケジュール表ではありませんし、タスクも絶対ではないのです。優先度を見て柔軟に組み替えましょう。

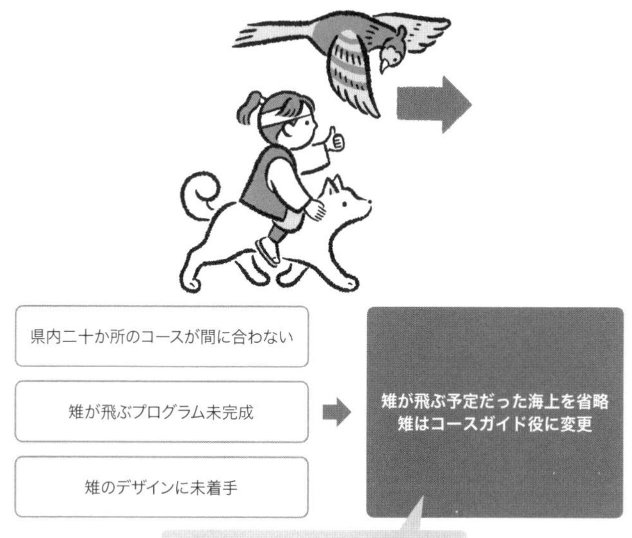
県内二十か所のコースが間に合わない
雉が飛ぶプログラム未完成
雉のデザインに未着手
雉が飛ぶ予定だった海上を省略
雉はコースガイド役に変更
犬猿で県内を回れば目的は達成できる

実際に遅延が発生してしまったようなプロジェクトでは、マイルストーンを守るつもりがなかったり、マイルストーンの定義が勝手に変わっていてβ版と言いつつもα版までしかできていなかったり、そもそも目的やコンセプトがしっかり定義できていないことが多々あります。

マイルストーンをしっかり使えば目標が変わって迷うこともありませんし、結果として遅延も抑えることができるのです。

仕様の変更や追加が起きたら

ゲーム開発では当初に立てた仕様をそのままに完成させることはほとんどありません。開発を進めて実装を行い、それを検証していくと、いろんな問題点に気付くものです。また新しいアイディアを思いつくこともあります。あれを変えたい、これを追加したいなどなど、見直しは避けられません。

しかし変更したいことを思いつくたびに仕様を変更していったら、開発の現場は何をすればいいのか分からなくなってしまいます。ゲームの仕様は関連しあっていて、1つ変えればあちこちに波及してしまうからです。

仕様変更によって連鎖的に作業が波及していく例：

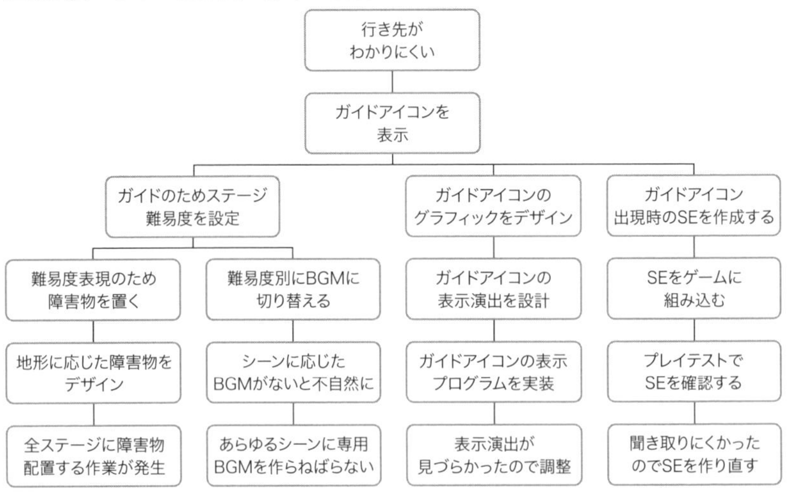

開発の混乱を避けるためには、変更や見直しのタイミングを全体で統一することです。マイルストーンの区切りで全体をまとめて見直し、改善タスクをまとめて決定します。

まとめて見直すことでゲーム全体を正しく評価できますし、まとめてタスクを決めることでチームは何をやればいいのか明確になります。

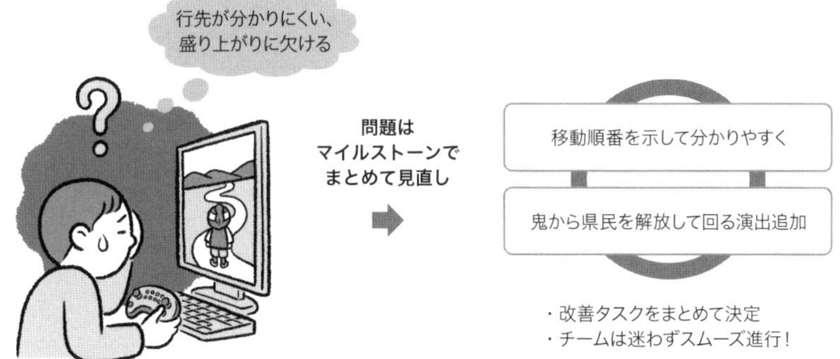

ゲーム開発プロジェクトのリリースと運営管理例

製品リリースとは、製品を完成させてユーザーへの正式なサービスを開始することです。パッケージゲームであれば店頭での販売が始まったこと、オンラインゲームであれば稼働開始を指します。

ここまでの例の場合では、小学校で地理を覚えるためのシリアスゲームを開発してきましたので、完成品を小学校で小学生たちが授業としてプレイし始めることがプロジェクトとしてのリリースになります。

製品リリースに必要なこと

さて、プロジェクトチームが開発作業を終わらせただけでは製品は完成したことにはなりません。品質保証に責任を持つ会社部署や、使用するプラットフォームに責任を持つ会社、受託開発業務であれば発注元からもチェックを受けることになります。今回の例の場合であれば、小学校での判定も行われることになるでしょう。これらの関係者全体から OK をもらうことで完成判定は合格となり、リリースすることができます。

最終的な完成判定は社内のチェック責任者とプロジェクトチーム責任者らが集まって議決されるのが一般的です。チェック合格であればそれで良し、リリース開始です。不合格の場合、合格になるための条件が示されますので、プロジェクトチームはその条件に向けて開発作業をやり直し、また完成の判定を受け直すことになります。

条件付き合格の場合は、リリース自体は合格として行われますが、なにかしら問題が確認されており、その問題に対応することを条件として定められます。

完成判定の例：

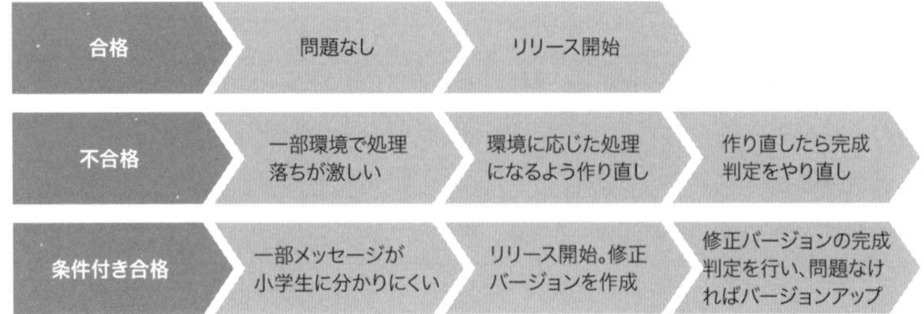

一部環境で処理
落ちが激しい
環境に応じた処理
になるよう作り直し
作り直したら完成

一部メッセージが
小学生に分かりにくい

判定を行い、問題なけ

製品リリース後の運営管理

製品リリース後は、状況に応じて、発見された不具合の修正や製品の改良といった対応が行われます。

長期サービスするオンラインゲームではここから運営管理業務が始まります。運営管理では、売上やプレイヤー数などの各種目標を掲げ、その目標達成度を数値評価しながら、製品の機能改良や内容の追加といったバージョンアップや、イベント実施などの施策を行って目標達成を目指していきます。

運営管理の例：

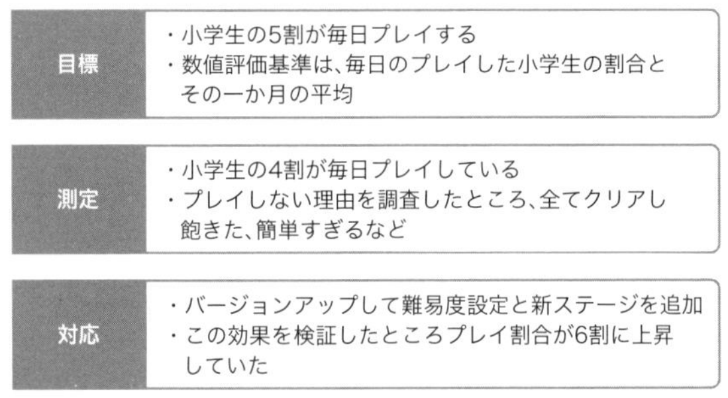

目標
・小学生の5割が毎日プレイする
・数値評価基準は、毎日のプレイした小学生の割合と
その一か月の平均
測定
・小学生の4割が毎日プレイしている
・プレイしない理由を調査したところ、全てクリアし
飽きた、簡単すぎるなど
対応
・バージョンアップして難易度設定と新ステージを追加
・この効果を検証したところプレイ割合が6割に上昇
していた

ゲーム開発プロジェクトの開発サイクル

分からないことに挑戦して面白さを実現していくのがゲーム作りです。分からなさとうまく付き合っていかねばなりません。

この難題に対して、とりあえず作ってみるというのはひとつの方法です。昔はそうでしたし、今でもよく使われています。

ですが、なんとなく作ったのでは、できあがったものがそれで完成なのかどうか判断はできません。運良くたまたま面白いものができればそれをゴールにできますが、そうはいかないことがほとんどです。

ではどうすればいいのか。まず何が分からないのかを調べて、それを具体化してみて、具体化したものが望んだ答えなのかを検証してみる。この開発サイクルを繰り返していくことで、分からないものを分かるものに変えていくことができます。これがゲーム開発プロジェクト管理の基本です。

開発のサイクル：

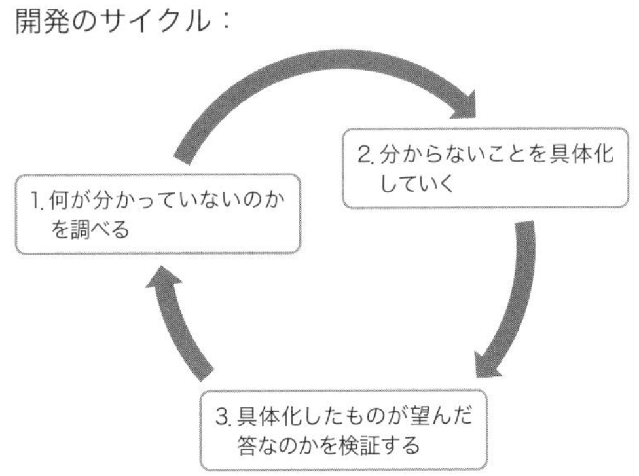

このサイクルを繰り返して分からないことを分かっていくのがゲーム開発プロジェクト管理の進み方と言えるでしょう。

ゲーム開発プロジェクトでは今までにない新しい目的に挑戦します。

プレイヤーを感動させるには今までにないゲームが求められますが、そのためには面白さの発明だけでなく、映像や音楽にシナリオなどの芸術においても新しい表現を実現せねばなりません。

しかし面白さや美しさといった基準はあいまいで、人によって求める方向性は異なります。皆の力を結集するには、この方向性を合わせる必要があります。

ゲーム開発プロジェクトに携わるメンバーの人数には大きな差があります。最小１人から数十人、数百人、数千人ということもあるかもしれません。

全てを１人で作っている場合であれば、方向性を合わせるのは容易です。プロジェクトが迷走しても自分が分かってやっていることなので対応は可能でしょう。しかしこれが多数で作る場合だと、迷走は多くのメンバーに無駄な作業を強いるだけでなく、メンバーからやる気を奪い、能力発揮の機会を無くしてしまうことになります。結果として低品質でつまらないゲームができあがってしまいます。

逆にプロジェクトの方向性をうまく導くことができれば、やる気のあるメンバーによって能力が発揮され、皆の才能を結集したすばらしいゲームが生み出され、チームや組織やプレイヤー、関わる様々な人々が幸せになれるのです。

ゲーム開発にはプロジェクト管理が求められていることをお分かりいただけましたでしょうか。

まとめ

ゲーム開発プロジェクトでは、目的達成の「条件」をゴールとして定めます。

プロジェクト全体でやること（タスク）の中から目的達成のために最重要な手段を選んでコンセプトとします。

タスクはメンバーひとりひとりの細かな１作業にまで分解します。こうして分解したタスクは膨大な数に上るため、優先度をコンセプトに照らし合わせて段階別にまとめます。この段階をマイルストーンと呼びます。

各マイルストーンにはそれぞれ目的とその検証方法を設定し、目的達成の確認をもってマイルストーン完了となります。マイルストーンは絞った基本的な内容から全体的な仕上げへと段階的に具体化を進めていきます。全てのマイルストーンを終えればプロジェクトは完了です。

考えてみよう

あなたが行ってきたことの中で、プロジェクトに相当すると思われることを挙げてみましょう。また、その中でマイルストーンに相当することをリストアップしてみましょう。ここではプロジェクトを以下の定義とします。

- なんらかの目的をもって
- 限られた期間で
- 実行者が活動して
- 成果を得ようとすること

仮に大学受験を例とした場合、各定義は以下のように行えます。

例：大学受験

- 大学合格を目的として
- 受験日までに
- 自分が勉強して
- 合格して大学生の立場を得ること

この場合、マイルストーンは受験日、合格日、入学日になりそうですね。模試の日も重要かもしれません。

参考書籍

トム・デマルコ
『ピープルウェア』
日経 BP 2013 年

「人」を中心としたプロジェクト開発の大切さを様々な角度から平易に語ります。プロジェクトを成功させるためにはどのように人を守り支えていかねばならないのかを学ぶことができます。

COLUMN 破綻プロジェクトのリカバリ

後回しにしてきた問題が多すぎたり、ゴールがなくていくら作業しても終わらなかったりで、プロジェクトがにっちもさっちもいかなくなって破綻したとき、その原因となっているのはプロデューサーやディレクターの進め方です。残念ながらそのままがんばって立ち直った例を見たことはありません。ほとんどの場合、プロデューサーやディレクターを交代することになります。

こうした場合では開発現場が正常に回らなくなっていますので、交通整理が得意なディレクターを投入します。プロデューサーの直接的な現場介入が混乱を引き起こしている場合は、プロデューサーを現場から引き離すこともあります。

できたものを全うに仕上げるには零から作り直して膨大な工数をかけるしかないこともあり、それをやり遂げるプロジェクトもあれば、あきらめて妥協できるレベルで終わらせることもあります。

プランナーの仕様書作りが崩壊してしまい、各プログラマーが自分でステージ仕様を書いて自分で実装したという現場も見たことがあります。プログラマーが優秀だったので結果として面白いゲームは完成していましたが、二度と同様の開発は行われませんでした。とても嫌な作業スタイルだったようです。

ちなみに、実力が確認できていない開発会社にプロデューサーが業務委託して、満足いかない品質のものができてきた時点で作業を内製チームに引き戻して高品質に仕上げ、外注会社の問題を解決する手柄をあげたとするケースもあったようです。開発会社も内製チームもさぞや大変だったことでしょう。本当の問題がどこにあったのかは気になるところですね。

仕様変更の影響

「仕様を一部変更する！！」

私も愛読した人気漫画の一場面で、ゲームディレクターの主人公が開発チームに向かって発したセリフです。

さて、締切ぎりぎりという状況で仕様を変更するのは正しいか間違っているか。

プレイヤーにとってゲームがより良いものになるのだから正しい、無理を押してでもやるべきであるといった考え方もあります。この場合の問題は本当にプレイヤーにとって良くなるのか、作業追加の無理を押せるのか、そして一部変更はこれで終わるのかということでしょう。

プレイヤーにとって良くなるのかどうかは検証してみなければわかりません。わからないからやるなということではなく、検証するための時間や工数、人員を確保までやってこそ確信を持ってより良くするための作業を進めることができます。

無理を押せるかとは、このような検証の確保や開発タスクの追加・組み換えの他に、スケジュールや費用への影響を確認し、影響する場合の経営・営業・製造・宣伝など様々な関係者への調整をできるのかということです。これらを気にせずただ好きに作業をするだけではプロジェクトが破綻します。最悪、資金繰りができなくなって会社が倒産してしまうかもしれません。

そして一部変更がこれで終わるのかとは、企画の目的とコンセプトを達成するためにこの一部変更はやらざるを得ないのかということです。もしすでに目的とコンセプトを達成できているのであれば、これ以上の作業は蛇足の可能性が大です。

ということで、最初のセリフを私の観点で補完するとこうなります。

「企画の目的とコンセプトを達成するために仕様を一部変更する！！　タスクの追加・組み換えを行い、変更箇所の検証作業も確保する！！　スケジュールと予算の変更、利害関係者との調整は俺に全て任せろ！！」

……蛇足ですね。漫画の面白さとしてはやはり原作通りがベストです。

第2部

計画の管理

IV

計画の方針

開発計画を管理する

ここからは第二部として、計画の管理を解説します。

計画と言われると決まったスケジュールのとおりに固く行っていくイメージがあると思いますが、ゲーム開発の場合、方針はしっかり定めた上で、どのように柔軟に実行してどのように見直していくのかを計画していくことになります。

計画時の基本原則

ゲーム開発プロジェクトを管理するにあたっての基本方針は以下の通りシンプルです。

- 仮説検証
- 優先度設定
- 自己管理

いずれも「考えて動く」という方針が根本にあります。これは「動いているけど考えていない」を避けるための方法と言い換えることもできます。

このとき誤解されがちなこととして、これらの方針は「上が考えて下に命じる」ということではありません。「全体が考えて動くようになろう」という方針です。

現場では「上は考えず、下は上の答えを当てずっぽうに探す」という事態が生じがちです。プロデューサーやディレクターなどのリーダークラスになると、よく考えなくても命令でチームを動かすことができてしまうからです。結果として作業の無駄や品質の低下、プロジェクトの失敗を招いてしまっています。

しかしただ「考えろ」と言われても何をやればいいのか困ってしまうかもしれません。そこで考え方の基本原理を解説します。

仮説検証

ゲーム開発プロジェクトは仮説の検証作業とみなすものです。

仮説とは命題がまだ証明されていない説であり、以下のような流れで検証が行われます。

仮説検証

命題	企画や仕様によって、ある効果が得られるとの予測
実装	企画や仕様を実際の動作によって検証可能な状態にする
検証	実装内容が命題を満たすのかどうかを確認する

ゲームの企画や仕様はそれぞれが仮説の命題であり、証明結果ではありません。それは企画や仕様の通りに作ったからといって価値があるとは限らないということを意味します。実装し、結果を検証して仮説の命題を証明することで、はじめてプロジェクトにおいて価値があるものになるのです。

ゲーム開発では自分のアイディアを考え付いた時点でもう「これは正しい」と思いがちですが、その考え方は止めましょう。正しさをただ主張するのではなく、アイディアを実際に形にして、人の手で確認をして、思った通りの体験が実現できているのかを証明することに注力すべきです。

また「どういう結果になるか分からないがとりあえず作ってみよう」は、仮説の検証ではありません。命題がなく、検証方法も分からないからです。「こういう結果になると思うので作って試してみよう」が仮説の検証です。

見切り発車を避ける

未知の新たなゲームに取り組むゲーム開発では、上で挙げたように深く思考せず「とりあえず作ってみよう」とする開発の流れが多く見られます。

先を考えずにとりあえず動いてみることは、個人の遊びであればよいのですが、チームワークを要する集団では多くのメンバーを「考えない状態」で働かせることに繋がり、思考能力を抑えてしまいます。これは先の流れでいう「命題」が無い、もしくは不明瞭な状態と言えるでしょう。命題がなければ目的がないので、作業の方向性は揃わずに大きな無駄が生じます。結果としてアウトプットも曖昧で品質が低くなります。目的なく作っているので成果物に価値があるのかどうか判定できず、その積み重ねで価値のないゲームができあがってしまいます。

ゲーム開発は知的労働の集約です。如何にチームメンバーの頭を無駄なくより良く働かせるかにプロジェクトの成功がかかっています。

仮説のリスク

当然のことですが、仮説もただ立てれば良いというものではありません。仮説にはリスクも含まれます。プロジェクトの障害となる可能性が「リスク」です。

重要な成果が得られるはずの仮説は、失敗すれば大きな障害となります。つまり重要なリスクになりうるということです。失敗によってプロジェクトが致命的な状況に陥らないよう、あらかじめリスクを洗い出して失敗時の対策も想定しておく必要があります。

仮説のリスク

リスクの命題	仮説の失敗によって問題が生じるか
リスクの保険	上記の問題が生じた場合に取るべき対策
実装	企画や仕様を実際の動作によって検証可能な状態にする
検証	実装内容が命題を満たすのかどうかを確認し、満たす場合は対策に進む

リスクの例：

- これまで 1 対 1 の対戦ゲームしか作った経験がないが、新企画のコンセプトは 100 人対戦である
- 人気イラストレーターにキャラクターデザインを依頼する予定だが、極めて作業が遅く締め切りを過ぎる可能性が高い
- 斬新なアイディアの複雑なゲームシステムを設計したが、本当に面白いのかどうかプレイしてみないと分からない

なお最終的にはゲームの販売や正式サービス開始によって、ゲーム企画という仮説はプレイヤーの手で検証されることになります。どんなに会社で権力があろうともプレイヤーによる検証結果を覆すことはできません。冷徹な真実の結果が突きつけられます。これがゲーム創りの恐ろしいところであり、面白いところでもあります。

優先度設定

ゲーム開発プロジェクトではあらゆる作業と成果に優先度を設定します。これは「行わない作業や要らない成果がありうる」ことを意味しています。また、このとき要るもの、要らないものを判別するためには優先度設定の基準が必要です。

プロジェクトで目指す全ての成果において、基準となるのはプロジェクトの目的です。目的を達成するために重要な成果であるかどうかで基準を設定します。

プロジェクトで行う全ての作業においては、コンセプトを基準として、それぞれの作業がコンセプト達成に重要かどうかで基準を設定します。

これらの詳細は改めて説明していきます。

優先度の基準

プロジェクトの要素	優先度の設定対象	優先度の基準
成果	目指す全ての成果	目的
作業	行う全ての作業	コンセプト

一般的なプロジェクトでは計画の完遂を目指します。このとき計画は正しいものであり、完遂した時点でゴールになるという想定の下で進行していきます。

これに対してゲーム開発プロジェクトでは、計画はあくまで仮説であってその内容が必ずしも 100% 正しいとは限りません。またゲーム開発は未知の新たなシステムを生み出す取り組みなので、完成形に明確なゴールはありません。予算や発売時期などの組織的な都合によって締め切りの制約が生まれるだけで、ゲームの内容自体には無限の可能性があります。ゲームを完成させるには、可能性をある程度絞り込むために優先度の設定が必要になるのです。

優先度の設定内容

優先度を設定するためには基準が必要です。このために最優先事項としてプロジェクトの目的を明示し、これを目指す成果の基準とします。

次いで、目的を達成するための方法を検討します。このとき、基準となる最優先方法を「コンセプト」として設定します。コンセプトには多くの方法が挙がりがちですが、3つ程度にまとめないと基準としては使い物にならなくなります。この目的とコンセプトを基準としてプロジェクトを進めていきます。

仮説を立ててコンセプトを設定しても、それを最初から進めていけばそれでよいというものではありません。仮説にも重要度が存在し、仮説同士が影響し合うことも起こりえます。これを解決する助けとなるのがP.60でも紹介した「マイルストーン」の考え方です。マイルストーンは特定期間における仮説検証の優先度を設定したもので、プロジェクトが目的を達成できるのかという大きな仮説を証明するために、重要な仮説から段階的に証明していくことになります。

マイルストーンを正しく設定することで、現在やることと作業の全体像、スケジュール感の把握が容易になりスムーズな進捗を得られる確率が高まります。

なお、マイルストーンは残りの時間や工数によって変動しますが、目的とコンセプトは基本的に固定します。これはコンセプトを変更すると作業の優先度全体に影響が出てしまうからで、作業の流れが混乱するのを回避するためにも基準の変更はできるだけ抑えねばなりません。仮にどうしてもこれらの変更が必要な場合は次のマイルストーンを開始するタイミングでまとめて見直します。目的の変更はプロジェクト全体が間違っていたことになりますので、いったんプロジェクトを止めて、中断するか新たに仕切り直すのかを選ぶことになります。

会社組織で行うゲーム開発プロジェクトにおいて、目的やコンセプトはプロジェクトと会社との契約だと言えます。変更する場合はプロジェクト内部で完結するのではなく、会社への説明とプロジェクト再承認が必要でしょう。

優先度は次に挙げる自己管理においても重要な概念です。

自己管理

ゲーム開発プロジェクト管理では、多数のチームメンバーによる開発を想定しています。チームメンバーが作業を行う際の進め方としては、事細かに作業内容や方法を命じられてその通りに行う「マイクロマネジメント型」と、一定の権限移譲を受けて自分の裁量で自らの作業を管理していく「セルフマネジメント型(自己管理型)」があります。

このうち、本書のゲーム開発プロジェクト管理では自己管理型を基本原理とします。仮説と優先度を全体共有したうえで、チームメンバー個々やタスク関係者、職種セクションなどのグループに権限移譲を適宜行う。そしてそれぞれが業務を自分で管理していく。これがゲーム開発プロジェクト管理における自己管理です。

自己管理型の作業

チームメンバーそれぞれはプロジェクトに貢献するために存在します。皆の貢献をひとつにするのがプロジェクトとも言えます。では、チームメンバーそれぞれは単なるプロジェクトのパーツかといえば、そうではありません。チームメンバーそれぞれにプロジェクトで大きな貢献を成し遂げてもらうためには、それぞれが自ら望む姿に成長することで活躍できるようになることが重要なのです。この自己実現を達成していく状況をチームメンバー自ら作っていけるようにするのが自己管理です。

仮説検証の項でも述べましたが、ゲーム開発プロジェクトは知的労働の集約です。誰か 1 人がその判断と感覚で作り上げるものではなく、チームメンバー全員の知的生産が統合されてゲームとなります。よってゲームの成功は一人一人の知的生産力を如何に向上させるかにかかっています。

その時々で一挙手一投足を指示されている状況では知的能力は発揮されません。自由に思考して自発的に行動できる状況が必要です。とはいえ、なにもかも自由では成果物がばらばらになってしまって 1 つのゲームに統合できないでしょう。

このため、共通の目的として仮説を設定し、共通の基準として優先度を設定します。これらをチームメンバー全員の前提とした上で、そこからはみ出さない権限を各メンバーに委譲します。プロジェクトの業務はそれぞれが管理可能なレベルに分解してタスクとし、メンバーに割り振ります。そして自己管理による自発的な行動を促します。プロジェクト管理では、このような自己管理が進むように体制や環境を作っていきます。

個人の作業管理、数人によるタスク管理、より多数のグループによるパートやセクションの管理。様々な規模や階層の人々がそれぞれを自己管理していけるようにしていく。その統合としてプロジェクト管理があります。

プロジェクトとは多数の小さなプロジェクトを統合したものとも言えます。小さなプロジェクトにおいてもそれぞれ目的とコンセプトを共有し、優先度を設定し、自己管理して活動を進められるようにする。これによってプロジェクトは「考えて動く」ことができるようになるのです。

まとめ

プロジェクト管理の根っこにある考え方はシンプルです。

集団作業なのだから皆をまとめるために目的が必要、しかしゲームは作ってみないと分からないから目的が正しいのか分からない。どう面白くしようという目的を決めておいて、作ったものがそうなっているのか確認していく。

皆が自分で考えていけるように、守るべきところは定めておいた上で任せられるところを任せていく。つまるところ皆で考えて動こうということです。

ゲーム開発プロジェクトが失敗するとき、多くの原因は「何が面白いのか分からないけど上から言われているのでやるだけ」という雰囲気が蔓延して誰も何も考えなくなることにあります。指揮する人たちは自信がなくて怖い。作業する人たちは意見を言うと怒られそうで怖い。恐怖が支配する状況であり、恐怖は人から思考力を奪います。

怖いゲーム開発を、愉快に自己実現していけるプロジェクトに変えていきましょう。プレイヤーを楽しませる面白いゲームを創るのですから。

考えてみよう

最近プレイしているゲームについて、そのゲームがどのような目的で開発されたのかを推測して述べてください。目的は 5W1H を参考に考えてみてください。

1. 誰に：Who
2. 何を：What
3. どこで：Where
4. いつ：When
5. なぜ：Why
6. どのように：How

参考書籍

中谷多哉子
『ソフトウェア工学』
放送大学教育振興会　2019 年

本書では現場向けとして実践的な内容を端的に解説しました。学術的なレベルで知りたければソフトウェア工学を学んでみるのも良いでしょう。難解な個所も多いのですが、放送大学の講義放送と合わせて学習することもできます。

この本ではソフトウェア開発における品質や生産性について研究の先端を広く知ることができます。

少人数での開発

本書では基本的に会社組織によるゲーム開発の話をしています。

では、１人で作るときには仮説と検証といった考え方は必要でしょうか？

できたものが面白いのかは作者自身で試すでしょうから、個人制作の場合にも少なくとも検証は行われるでしょう。では仮説はどうでしょうか？

インディーゲームやフリーゲームといわれるゲームを個人制作する場合、当然ながらプロジェクトを承認する上司や開発チームといったものは存在しません。どういうゲームを作りたいのかを書類にまとめて大勢に説明しなくてよいのです。仮説を立てなくても、それでチームメンバーを困らせることもありません。

思いついた仕掛けを実装しては試し、いまいちだったら壊してまた作りなす、いわゆるスクラップ＆ビルドでは、そのたびに仮説を考え直すよりも仕掛けを実装してトライ＆エラーを繰り返すほうが楽しく作業できるでしょう。

また個人制作で多く作られるジャンルであるパズルゲームの場合、言葉で考えるよりもパズルのロジックを組んで動かしてみるのが早道です。他のジャンルでも似たようなケースは多いでしょう。

とはいえ、いじり続けて進歩していく間は良いのですが、なかなか出口が見つからなくなってくることもあります。ゲームの面白さは作者自身にはわかりにくく、一度詰まってしまうと暗中模索でアイディアの迷路をさまようことになります。

ゲームを作っているときに知人から「これどこが面白いの？」と言われると大ショックを受ける方は多いそうですが、特に作者がどう作るか悩んでいるときには「これ全然面白くない」と言われるようなもので辛いでしょう。では、これを言われるとなぜショックなのか。作者にとっても自信を持って面白いとは思えなくなっているからなのではないでしょうか。

このような状況でゲームを完成させたとしたら「プレイすればわかるのでやってください」と言ってしまいそうですが、これではプレイしたくなるような魅力を伝えられません。

ゲームを個人で作っていたとしても、最終的には完成品をプレイヤーたちに託すことになります。遊んでくれるプレイヤーたちは作者にとってゲーム仲間でありチームともいえます。彼らに向けて詳細な書類を用意する必要はなくとも、仲間であれば気持ちは伝えておきたいものです。

「これどこが面白いの？」と聞かれたときに自信をもって自分の気持ちを伝えられるように、「このゲームはどういう人たちにどこをどう楽しんでもらいたくて作っている」ということはまとめておくのがお勧めです。きっと、自分が作るゲームの最初のプレイヤーとなる自分自身にとっても役立つ言葉となるでしょう。

第2部

計画の管理

V

プロジェクトの計画

プロジェクトの要素

プロジェクト管理を計画するにあたっては、プロジェクトはどんな要素で構成されているのかを知っておく必要があります。

この章ではプロジェクトを構成する数字や組織などの内容と計画について学んでいきます。

プロジェクトの構成要素

プロジェクトは目的、期間、実行者、成果物と大きく４つの要素で構成されます。この要素無しに始めてしまうこともありますが、それではプロジェクトとして不完全であり、いずれ問題に発展してしまいます。これらは必要最小限の要素ですので、必ず揃えてからプロジェクトを開始するようにしましょう。目的が深く考えられていなかったり曖昧だったりするとプロジェクトは前進できなくなってしまいます。

- 目的
  - やる内容を示す
  - プロジェクトはこの達成のために存在する
  - 変更されることは基本的にない
- 期間
  - 始まりと終わりの時期を示す
  - 完成できないと終わりの時期は延びていく
  - 延期が長すぎると費用も増していき、中止されてしまうことも
- 実行者
  - 誰がやるかを示す
  - 1 人から数百人以上まで様々
  - 実行者は一般に成果物の確認者であり責任者でもある
- 成果物
  - 得られるものを示す
  - 具体的な物を作るとは限らない
  - ゲームのプログラムやデータの作成
  - ゲームの改良、データの追加
  - 情報の入手や作成、調査、イベントなどの開催

プロジェクトの数字

プロジェクトでは様々な数字を扱います。中でも重要なのは時間とお金、人に関する数字です。

- 時間（期間）
  - プロジェクト期間（スケジュール）
    開始日／終了日
- お金（費用）
  - プロジェクト費用
    開発費／宣伝費／間接費
  - プロジェクト売上
  - プロジェクト利益
- 総合
  - プロジェクト人月工数
  - 人月単価

ゲームのプロジェクト期間と開発費の例

内容	プロジェクト期間	開発費
世界的大作オープンワールドゲーム	5年以上	約270億円
セガサターン向け国産RPG	約4年	約70億円
スマートフォン向け国産RPG	約4年間	約12億円
PC向けシミュレーションゲーム	約10か月	数千万円
ファミリーコンピュータ向け国産RPG	約5か月	数千万円
フィーチャーフォン向けオンラインゲーム	約3か月	数百万円

期間

期間の長さは一般に月数でカウントされます。

プロジェクト期間は開始日と終了日で区切られ、さらにその期間の中もマイルストーンやEND日によって細かく区切られていきます。

成果物の作業が遅延して予定どおり完成せずに終了日が延期されていくと、工数が増えて開発費も増え、利益が減少していくことになります。延期は全体に悪い影響を及ぼしてしまうため、できるだけ避けねばなりません。

それでも遅延が発生してしまうことはあります。その場合ひとたび発生し始めた遅延が自然に解消することはまずありえないので、根本的な対策が必要です。速やかに遅延の原因を調査して対策を考える必要があります。そのうえで、前章で説明したようなマイルストーンやEND日の設定、タスクの調整などによって延期にならないよう手配して遅延を吸収、解消できるようにしていきます。

管理する立場の人間はチームメンバーに努力を強いることで遅延の解消を図ってしま

いがちですが、チームメンバーは常日頃から努力しているものですので、そこにさらなる努力を求めても消耗させてしまうだけです。気を付けましょう。

費用

プロジェクトの費用は、主に開発費、宣伝費、間接費の３種類となります。

開発費はプロジェクトが直接使う経費、宣伝費は広告や広報イベントなどの経費です。間接費はプロジェクトに間接的にかかる費用で、会社全体の光熱費や家賃に加え、総務ほか会社全体に関係する部署の人件費などがこれにあたります。

費用の中心となるのは開発費です。この金額によって人員や機材、期間に大きな影響が出ます。できるだけ多く使いたいところですが、それで売上が変わらなければ利益が減っていってしまいます。主に生じる費用としては以下の表にまとめてあります。

開発費内訳

人件費	開発チームメンバーにかかる給与など
機材費	PC や家庭用ゲーム機の開発機材などの購入費
ツール費	デザインツールやプログラム環境などの使用費
外注費	キャラクターデザインやシナリオなどの外注費
ゲームエンジン費	Unity や Unreal Engine などの使用費
ミドルウェア費	サウンド管理などゲームエンジンの機能不足を補うミドルウェアの使用費
法務関係費	商標登録、特許申請、契約などの法的手続き費

宣伝費は成果物を知ってもらうために重要ではありますが、開発とは別の話になりますので説明は最小限とします。

間接費はプロジェクト外の費用なので、プロジェクトからはコントロールできません。これも説明は最小限とします。

売上と利益の目標

ビジネスとしてプロジェクトを行う場合、欠かすことができない数字が売上と利益です。

売上は成果物の販売によって得られ、利益は売上から費用を差し引いたものです。実際には税金も負担せねばなりませんが、本筋から外れますので割愛します。

どれだけ売上があっても利益がなければプロジェクトをやった価値はなかったことになってしまいます。プロジェクトの運営では、利益がなければプロジェクトは終了に向かうことになります。見せかけの売上よりも利益を重視せねばなりません。

利益＝売上－費用

売上と利益の例：
売上 8,000 万円　費用 4,000 万円の場合
売上 8,000 万円－費用 4,000 万円＝利益 4,000 万円
　ここでの費用には開発費の他に宣伝費、間接費も含まれます。

　どの程度の利益が上がれば成功とみなすかどうかは組織によって異なります。ひとつの基準としては、ROI（Return On Investment ＝投資利益率）があります。ROI では投資した費用に対する利益の割合を見ます。ROI が大きいほど、投資に対する割が良いと言えます。
　ROI が何 % であれば良いのかは状況に応じて組織が設定しますので一概には言えません。ROI が 100% を超えていれば投資した費用よりも利益が上回ることになり、おおむね良い成績だったと言えそうです。ROI がマイナスの場合は赤字ですから失敗となります。

　投資利益率＝利益 ÷ 費用（投資額）

投資利益率の例：
　利益 4,000 万円 ÷ 費用 4,000 万円＝ 100.0%

▶工数と単価

　開発費やプロジェクト期間を決めるうえでの基礎となる数字が人月工数と人月単価です。
　人月工数は、チームメンバーが延べ何か月働くのかという量です。この数字を使うことでプロジェクトの規模がわかります。
　人月単価は、社員 1 人につき 1 か月あたり平均いくらの費用がかかるのかという金額です。このとき、人月単価＝給料ではないことに注意してください。人月単価には給料に加えて個々人の使用する機器の電気代など様々な会社の負担費用が乗ってきますので、一般に給料よりもずっと高い金額になります。

- **人月工数**
- 人月工数＝開発に関わった人たちの延べ作業期間（単位：月）

- **人月単価**

　人月単価＝社員 1 人の 1 か月あたり平均費用
　社員 1 人の 1 か月あたり平均費用
　＝（全社員の給与合計＋給料以外の費用）/ 社員の人数

- **人月単価の例**

社員 20 名　社員の月給 30 万円　給料以外の費用 1,000 万円 / 月の場合

人月単価：

(全社員の給料合計 20×30 ＋給料以外の費用 1,000) /20 ＝ 80 万円

人件費は人月工数と人月単価をかけることで算出できます。

プロジェクトの利益を計算する場合、この人件費の見積もりによって参加できる人数も決まってきます。

- **人件費**

人件費＝人月工数 × 人月単価

プロジェクトのための組織（チーム）

プロジェクト実行のため、組織の中に新たな臨時組織を編成したものがチームと呼ばれます。プロジェクトは基本的にこのチーム単位で進められ、動いていきます。

チームの種類

ひとくちにチームといっても、参加するメンバーによって細かい呼称が異なります。

会社の社員のように、組織に正式所属しているメンバーで開発する場合を内製と呼びます。これに対して、組織外の作業者に発注する場合を外注と呼びます。現代のチームは内製や外注をミックスした様々なメンバーの混成が主流です。

なお、プロジェクトを丸ごと外注し、組織内にはチームを置かず開発を行わないケースもありますが、本書の趣旨から外れますので最小限の説明とします。

チームの例

種類	構成
内製チーム	社員オンリーのチーム
内製＋外注チーム	社員＋別会社のチーム
フリーランス	会社に属しないフリーランスによるチーム
内製＋外注＋フリーランス……	様々なメンバーの混成
外注	チームは別会社にあって、組織内には外注管理者のみが置かれる

ゲーム開発に携わる職種

　プロジェクトでは臨時に組織（チーム）が編成されます。

　ゲーム開発のチームには様々な職種が集まり、職種ごとに異なる役割を持って協力し合うことでプロジェクトを進めていきます。通常の組織では上下で関係が成り立ちますが、プロジェクトのチームでは役割で成り立つ点が大きな特徴です。

　それぞれの職種と業務内容を見ていきましょう。

プロデューサー
- プロジェクトの総責任者
- 企画を立ち上げる役
- 人事や収支に責任を持つ

ディレクター
- 開発の総責任者
- ゲームの中身に責任を持つ
  - 面白さ
  - ビジュアル
  - ストーリーなど

プランナー
- ゲームの仕様をまとめる[1]
  - アイディア
  - ストーリー
  - キャラ
  - システム
  - バランス調整

プログラマー
- プログラムを作る
  - バトル
  - CG
  - 通信
  - システムなど

1：ゲームの仕様設計に特化した場合はプランナーと区別してゲームデザイナーと呼ばれる。

● **デザイナー**
・ビジュアルを作る
–3D キャラクター
–3D 背景
–2D キャラクター
–2D 背景
– ムービー
– モーション
– メカデザイン
– ユーザーインターフェースなど

● **コンポーザー**
・サウンドを作る
– 作曲
– 効果音
– 音声収録など

● **プロジェクトマネージャー**
・比較的新しい職種。プロジェクト管理を専門に行う
– 工数管理
– スケジュール管理
– 制作進行など
・プロジェクトの複雑化、大規模化に伴い活躍の場を広げている

なお、以下のように複数の職務を兼任することもあります。

● **プロデューサー兼ディレクター**

プロジェクトそのものの総責任者であるプロデューサーが、開発の責任者（ディレクター）を兼務するパターンです。兼任することによってディレクターとプロデューサーの間に軋轢が生じないのはメリットですが、それはデメリットでもあります。

企画を面白く広げることを重視するプロデューサー職と、完成に向けてまとめることを重視するディレクター職では、実は職務の方向性が真逆です。それぞれの方向でぶつかり合うことによって、企画を面白く広げつつも完成度高くまとめることができます。

それを 1 人が兼任するプロデューサー兼ディレクターというポストを設けるのは、方向のぶつかり合いがなくなって際限なく開発が広がってしまいネバーエンディングになりかねません。あまりお勧めはできないでしょう。

• **ディレクター兼プランナー（プランリーダー）**

方向性を決める役目であるディレクターが、そのための作業をまとめるプランナーも兼ねているパターンです。

両方をこなせるだけの能力と速度があるならば、ディレクターがやりたいとおりの仕様を作成できるので非常に効率が良いといえるでしょう。

しかし激務となりますので、どちらも半端に終わってしまうリスクもあります。十二分に自信がなければ止めておくべきです。

ゲーム開発プロジェクトの種類

ゲーム開発プロジェクトは大きく以下の2種類に分かれます。

初期開発プロジェクト：ゲームを新たに開発する
運営プロジェクト：既にサービスを開始しているゲームを継続していく

本書では主に前者の初期開発プロジェクトについて解説していきます。

ひとくちに初期開発プロジェクトといっても、全くの0から新規にゲームを開発するケースや、過去作をベースに開発するケースなどいくつかの種類があります。

新規IP[2]

0からゲームを企画して完全新作を開発します。

シリーズIPを利用

現代のゲーム開発プロジェクトでは、シリーズ化されたIPを使う開発が主流となっています。

同じゲームシステムと世界設定をベースに発展させて作るケースや、ゲームシステムは異なるが同じ世界設定をベースに作るケースなど、続編といっても作り方は様々です。「ファイナルファンタジー」シリーズのように、タイトルとRPGというジャンルだけが同じで、ゲームシステムも世界設定も毎回異なるケースもあります。

いずれにせよ、これまでに獲得した市場と確立してきたブランドがありますので、完全新作よりも商売はしやすくなります。

他社IPを利用

人気漫画や人気アニメなどのライセンス許諾を他社版権元から得て、そのIPを使ったゲームを開発します。

2：知的財産権（Intellectual Property）のこと。価値が高いとされるゲームやアニメ、漫画、小説、映画などの著作物や特許権、商標などがIPと呼ばれる。

人気の魅力的な題材を使えますが、版権元から製品を厳密にチェックされるので開発は容易ではありません。版権に関わる責任者が複数の場合も多く、それぞれ異なる意見から振り回されたり、原作者の強い意向を受けて大幅な変更を余儀なくされたりといったアクシデントもあり得ます。また、ライセンス料が高額になることもあります。

移植

自社や他社の過去製品を、別のプラットフォームで動くようにします。近年はゲームエンジンによってゲーム本体をプラットフォームに関わらず共通で作ることができるようになったため、移植は以前よりも容易になりました。とはいえプラットフォームごとの細かな違いに対応する必要はあります。

また、今の機器の方が高性能なので移植が楽と思うかもしれませんがそんなことはありません。今とは大きく異なるプラットフォーム向けに作られたレトロゲームの場合、動作解析のために高度な開発能力を要求されることもあります。

リメイク

移植の一種ですが、内容を現代のプラットフォームに合わせてグレードアップしたものがリメイクになります。実質的には新作を作るのに近い作業です。

2D ドット絵のゲームを 3D ポリゴンを使った表現に変更するなど、まるで異なる見た目にリメイクされることもあります。

ゲーム開発の分類：

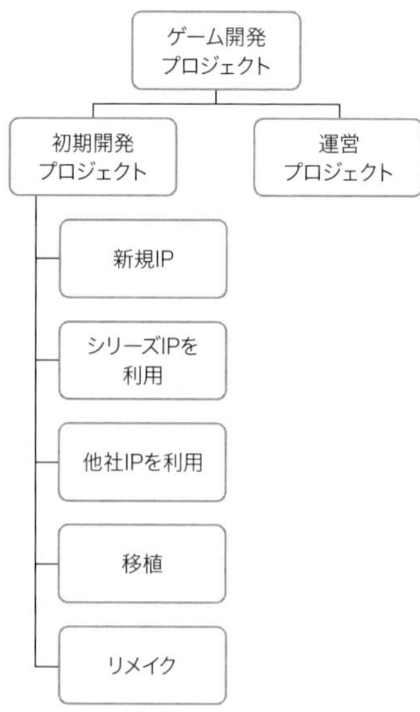

まとめ

プロジェクトを計画していくには、まずプロジェクトの内訳となる要素、状態を示す数字、組織構成、分類を把握することが重要です。

プロジェクトの4大要素となるのが「目的」、「期間」、「実行者」、「成果物」です。プロジェクトを開始するにあたっては、これらを明確に定義せねばなりません

プロジェクトの数字としては、「期間」、「費用」、「人月工数」と「人月単価」が特に重要です。プロジェクトの費用で中心となる人件費は人月工数と人月単価によって計算されます。

プロジェクトの利益は「売上－費用」で計算されます。この利益によってプロジェクトは成立します。

プロジェクトは様々な開発職種によって構成されます。上下関係ではなく、役割によって構成されるのが特徴です。

プロジェクトは初期開発プロジェクトと運営プロジェクトに分かれます。本書では新たなゲームを開発していく初期開発プロジェクトについて主に学んでいきます。

考えてみよう

(1) 以下について定常業務とプロジェクトを区別しましょう。[3]

A. 毎週1回、スーパーで大売り出しを行う。

B. 年内に家族旅行をする計画を立てて実行する。

C. 今日の夕食にはカレーを作る。

(2) 社会においてプロジェクトといえるものを挙げて、その目的、期間、プロジェクトの実行者を述べてください。社会的に大きなことでも身近なことでも構いません。

(3) 会社Aではプロジェクト B を行うことになりました。以下の条件から、この会社の人月単価とプロジェクト期間を回答してください。[4]

会社Aのデータ

給料：平均40万円/月

会社の社員数：100人

会社の費用（給与除く）：8,000万円/月

（次ページへ）

3：定常業務はA、プロジェクトはBとC。

4：人月単価は120万円、プロジェクト期間は24か月。

会社 A で行っているプロジェクト B のデータ
　プロジェクトのチーム人数：10 人
　プロジェクトの総人月工数：240 人月

参考書籍

吉冨 賢介
『ゲームプランナー入門　アイデア・企画書・仕様書の技術から就職まで』
技術評論社 2019 年

ゲームプランナー向けにゲーム作りの流れが分かりやすく解説されています。開発の現場ではどのように作業が行われているのかをよく理解することができます。

COLUMN

リメイク流行り

このところ、かつての人気作を現代の家庭用ゲーム機やスマートフォン向けにリメイクすることが増えています。「FINAL FANTASY VII REMAKE」のように全面作り直しが行われ、新作と比べても遜色ないどころか上回る勢いの大作まで登場しています。

この動きにはいくつかの理由が考えられます。

まず家庭用ゲームが登場してからもう長く、プレイヤーが高齢層まで広がってきたこと。ゲームで使うお金に余裕はあるが時間がない高齢層には、プレイを楽しむというよりも思い出を懐かしみたいという思い出需要がありますので、これを当て込んだ企画が増えています。高額な限定版パッケージにしてファン向けアイテムを付属するのが定番です。私もやりました。

この思い出需要は開発者にも存在します。かつて子どもの頃に大好きだったゲームを懐かしむ開発者たちが、自分の手でよみがえらせようと熱望してリメイク企画を立ち上げることは少なくありません。私も作りました。

また、ゲーム会社の開発力から来る都合もあります。会社がより利益を上げるためにはより多くの製品を発売したいところですが、ゲーム会社の開発力に余裕はないのが普通です。ところで自社がかつて開発したゲームについて、ファンの方が詳しいことはよくあります。ファンは別会社にも多くいてリメイクを手掛けたがっています。そうした会社にリメイクを外注すれば、自社の開発力を使わずに高品質なリメイクが期待できるという寸法です。これがシリーズ続編開発の外注だったりすると自社による企画管理に大きな手間を取られますが、リメイクであればベースがありますので作業を丸々任せやすいのもメリットです。

全体としてみると、往年のゲームファンがリメイクして往年のゲームファンが買うという流れになっています。ゲームの年齢層拡大によって生じたムーブメントだと言えるでしょう。現代の主流となったスマートフォン向けガチャゲームについていきたくない層が、かつてのゲームを求めているという面もありそうです。

第2部

計画の管理

VI

プロジェクトの仕様設計

仕様の設計

仕様の設計とは、プロジェクトにおいて何をどう実装していくのかという内容を計画することです。プロジェクトの開発を始めるためには、どのようなものを作るのかを先に決めねばなりません。この章では仕様設計の方法と流れについて解説します。

仕様設計の全体像

仕様の設計といえば仕様書を書くこと、というイメージがあるかもしれませんが、仕様書の作成は仕様の設計における途中の 1 ステップにすぎず、内容の確認や見直しを行いながら段階的に精度を上げつつ進行していくもの全体が「仕様の設計」です。

大まかな仕様方針を立ててから仕様書に落とし込み、関係者へのレビューを経てから実装作業のタスク実行に至ります。実装できたらそれで終わりでもなく、成果物が仕様の目的に沿っているのかを検証し、問題があれば成果物の修正や仕様書の見直しを行っていきます。

仕様設計の業務は以下のような段階に分かれることになります。

① 仕様方針の作成
② 仕様書の作成
③ 仕様書のレビュー
④ タスクの実行
⑤ 仕様の検証と問題への対応

それぞれ解説していきましょう。

仕様方針の作成

企画書で定めた目的やコンセプトに基づいて仕様を作成していく訳ですが、仕様は数十、数百、数千といった莫大な数に分かれます。仕様をいきなり個別に作り始めると、全体像が見えずにばらばらな仕様を作ってしまったり、目的やコンセプトから外れてしまったりといったことが起きやすくなります。

そこで、まずゲーム開発の全体的な方針をまとめるのが一般的です。そのための資料はゲームデザインドキュメント（GDD）と呼ばれ、主にディレクターが作成します。このGDD がチーム全体を導いていくことになります。

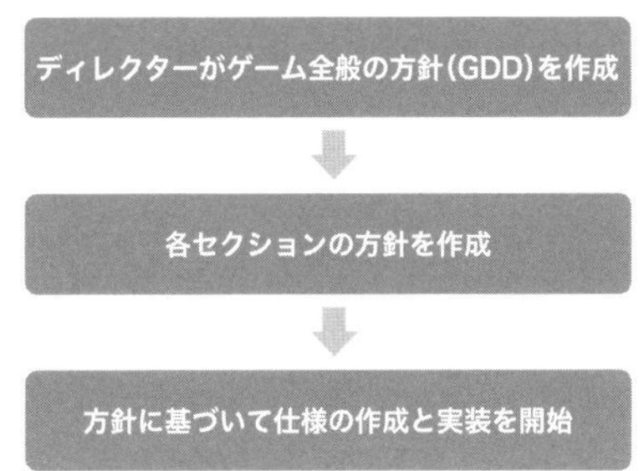

また、GDDに基づいて以下のような各セクションでの方針も作られます。

各セクションでの方針資料

対象	作られるもの
ゲーム開発全体	ゲームデザインドキュメント(GDD)
プログラムセクション	テクニカルデザインドキュメント(TDD)
デザインセクション	アートデザインドキュメント(ADD)
サウンドセクション	サウンドデザインドキュメント(SDD) ※開発初期には作られないことも多い

ゲームデザインドキュメント(GDD)

GDDはゲーム開発の全体的な方針とゲームの概要を説明したドキュメントです。チームの全員が利用します。使われるようになってからまだ歴史が浅いため明確な書式は定まっていませんが、主に以下の項目を説明します。

GDDの要素

項目	目的
ユーザー体験	どんなプレイヤーにどのような体験をさせるか
ゲームメカニクス	核となる遊びはどのような仕組みか
世界設定	どのような世界が舞台となるのか
ゲームのサイクル	どのような流れで遊ぶか
モチベーションフロー	動機付けをどうするか
ボリューム	各要素の量はどれぐらい必要か(プレイ時間はどの程度か)
マネタイズ	どのように売上を得るか
チャレンジ	今までにない要素はなにか

項目のうち「チャレンジ」はこのプロジェクトにおける新しさであり、やってみないと分からないリスクでもあります。プロジェクトがつまずきかねない不確定要素なのでしっかり洗い出しておき、高い優先度で対応していく必要があります。例えば「かつてなく大量に出てくる敵キャラとの戦い」がコンセプトだったのに、開発後半になって敵

キャラは少ししか出せないことが判明すると企画がとん挫してしまいます。こうしたチャレンジには最優先で対応せねばならないのです。

GDD を書く際には、どのぐらい細かく説明しておけばよいのか迷ってしまうかもしれません。組織によっては GDD がほぼ企画書であったり、また、ほとんど仕様書と同レベルで詳細に仕様が説明されていたりと粒度が異なることもあります。プロジェクトでは GDD を基にプランナーが仕様書を作成し、各セクションが実装を進めていきますので、GDD を作成する際は「どのような仕様書が必要なのかプランナーが理解できること」、「各セクションがどのような作業をすればよいのか、セクションの方針策定と見積もりができるだけの情報量があること」の 2 点を最低限の基準としてしっかり押さえるようにしましょう。

以下に GDD で記述する要素の簡単な例を挙げます。実際の GDD ではこれらの要素に対して詳細な説明が行われます。

項目	内容
ユーザー体験	VR で空を自由に飛ぶ気持ちよさとスリルを体験させる
ゲームメカニクス	両手持ちコントローラを使い、羽ばたくように動かす操作で揚力の発生や姿勢の制御を行い、風に乗って飛ぶ
世界設定	ギリシャ神話を舞台にイカロスが主役
ゲームのサイクル	1. 飛行してイベントを探索 2. イベントを解決 3. 次のイベントへ
モチベーションフロー	イベントを解決すると強化アイテムが手に入って、より高く、より速く飛べるようになっていく
ボリューム	自キャラ 1 種類、敵モンスター 10 種類、4 ステージ構成（プレイ時間 1 時間程度）
マネタイズ	基本無料、追加イベントを有料で提供
チャレンジ	鳥のように羽ばたいて風に乗る遊び

テクニカルデザインドキュメント（TDD）

TDD はプログラム開発の方針と概要を説明したドキュメントです。基本的にプログラムセクションのリーダーが作成し、主にプログラマーが利用します。

ゲームの内容やプラットフォームによっても左右されますが、GDD の内容を実現するために必要となる技術の洗い出しや、開発や実行に用いる環境の策定などを行い、プログラム開発にとりかかることができるようにします。

TDD で決めることの例：

- ゲームに必要な技術の洗い出し
- 技術的なリスクの洗い出し

クライアント開発環境
- ゲームエンジン：Unity や Unreal Engine、自社製エンジンなど
- SDK：プログラム開発に使うライブラリ
- ミドルウェア：サウンド制御用ライブラリなど

サーバー開発環境
- サーバーの種類：Amazon の AWS や Google の GCP など
- サーバーの開発ツール
- サーバーのデータベースなど

このうち TDD で特に重要なのは、技術的なリスクの洗い出しです。

ゲームの企画書には、実現不可能だったり、実現できても品質が低くなってしまったり、ありえないほどの莫大なコストや期間がかかってしまう内容が記されていたりします。これをそのままにしておくとプロジェクトは破綻してしまいます。

こうしたリスクを洗い出したうえで、そうした仕様を削除するのか、仕様の工夫で問題を回避するのか、リスクに挑戦するのか、挑戦するとすれば成功の可能性を上げるためにどのような取り組みや検証を行うのかといった対策を考える必要があります。

これを軽く見て、とりあえずやってみようで考えずに始めてしまうのが典型的な失敗プロジェクトのパターンです。気を付けましょう。

テクニカルデザインドキュメントで記述する要素の簡単な例

項目	内容
必要技術の洗い出し	風が流れる中を鳥のように飛行するためのフライトアルゴリズムと風の制御
技術リスクの洗い出し	立体的な雲の描画
クライアント：ゲームエンジン	Unreal Engine 4
クライアント：ミドルウェア	CRI ミドルウェア（サウンド制御ライブラリ）
サーバー：種類	Amazon Web Services
サーバー：開発ツール	Amazon Web Services 提供ツール
サーバー：データベース	SQL

アートデザインドキュメント（ADD）

ADD は、ゲームで用いる 3D モデルやモーション、2D デザインなどアート開発の方針と概要を説明したドキュメントです。基本的にデザインセクションのリーダーが作成してデザイナーが利用します。

GDD の内容を実現するために必要となる技術や、データ作成に用いる環境の決定などを行い、デザインデータ作成にとりかかることができるようにします。また GDD の内容をどのようにアート表現するのかというコンセプト決めや、デザインデータをどのようなクオリティ基準で作るのかというクオリティライン決めも ADD で行います。

ADD で決めることの例：
使用する 3D ツール：Maya、3ds Max など
使用する 2D ツール：Photoshop、AfterEffects など
アートのコンセプト：誰に何をどう見せるか
クオリティライン：どのようなクオリティ基準で作るか

デザインデータ作成は作業全体の流れとしては後の方になるため、他セクションの都合によるしわ寄せが来やすい部分と言えます。そのため、ADD を考える際は他セクションが作る GDD や TDD などともよく擦り合わせておきましょう。

最初の擦り合わせが不十分だと、アートのコンセプトを実現するために重要な技術なのに「手間がかかるから」とプログラムセクションから諦められてしまったり、アートのクオリティラインが高すぎて十分な数のキャラクターが表示できなかったりといった齟齬が発生しがちです。

アートデザインドキュメントで記述するポイントの簡単な例

項目	内容
3D ツール	Maya
2D ツール	AfterEffects（UI 制作用）
アートのコンセプト	実写風ではなく、細密イラスト風
クオリティライン	映画レベルのクオリティを目指す

仕様書の作成

仕様方針となるドキュメントを作成し終わったら、いよいよ仕様書の作成に入ります。仕様書はゲームの動作や表示、データ構造などの設計を説明する資料のことで、GDD に基づき、ディレクターの指示によってプランナーが作成します。プログラマーやデザイナー、コンポーザーはその仕様書に基づいてプログラムの実装やデータ作成を行っていきます。

仕様書は主に以下の内容で構成されます。

- その仕様の目的
- 実現したいユーザー体験
- ルール（アルゴリズム）
  - 入力
  - 処理
  - 出力
- データ

仕様書はプランナーが作成しますが、基本的にプログラマーのほうがプランナーよりも技術能力は上です。目的達成のためには、プランナーが仕様書に記した方法よりもプログラマーの考え直した設計のほうが優れていることもよくあります。このため、仕様書で特に重要となるのは「関係者間で目的を共有する」ことです。それをどのように実現するのかは柔軟に対応していきましょう。

また、プランナーが作成する仕様書からはデータの設計が抜けがちです。どのようなデータ種類が必要で、データはどんな型で，値はどんな範囲を取るのかという構造をまとめておくと、データの誤解による不具合発生を防ぐことができます。加えてその仕様のテスト方法まで想定しておくと理想的でしょう。

ちなみにゲームで頻繁に発生する不具合として、ゲームの値が想定範囲を超えてしまい異常な動作を引き起こすというものがあります。例えばレベルアップして体力の最高値が 32767 を超えたら体力がマイナス値になって即死してしまうといった現象です。

プランナーが仕様書で値の範囲を指定せず、プログラマーが値の範囲を超えた場合のプログラム処理を入れていないと、こうした不具合が発生してしまいます。

プランナーは正常な動作のことだけを考えがちですが、例外的な異常動作についても想定しておかないとこのような不具合を発生させてしまいますので注意しましょう。

仕様書の簡単な例：

- 目的
  - イカロスが飛行する際に、計器類や数字表示を使わずに速度が分かるようにする。
- 実現するユーザー体験
  - 人間が自分の身体を使って飛ぶ感覚を体験させる。
- ルール
  - 入力された速度に応じてパーティクル（粒子）を空間に流す出力を行う。
  - 速度に応じてパーティクルの色を黄色から水色に変化させる。
  - 速度に応じてパーティクルを細長く変形させ、残像のように見せてスピードを感じさせる。
- データ
  - イカロスの速度
    速度の範囲　秒速 0m ～ 360m
    浮動小数点数型
  - パーティクルの表示設定データ
    色
    サイズ
    消滅するまでの寿命など

仕様書のレビュー

仕様書が作成されても、いきなりその仕様書を使って実装開始することはほぼありません。実作業の前には、何度か仕様書レビューを行うのが一般的です。

仕様書レビューでは、仕様関係者が集まって、仕様の説明や問題点の洗い出しなどを行います。ここでいう仕様関係者とは、仕様書を作成したプランナー、プランナーの上長、ディレクター、実装を担当するプログラマーやデザインデータ作成を担当するデザイナーなどです。関係者全体から見てOKとなれば、その仕様書は作成完了です。

レビューは関係者が多く、それぞれの役割も異なるので意見を一致させるのは簡単ではありません。特に仕様書の目的設定があいまいだと、レビューを行ってもなかなか意見を一致できずに延々と作り直しになってしまうことがあります。

仕様書の目的を設定する責任者は、担当プランナーに仕様書の作成を命じたディレクターやプランリーダーなどの上長です。あいまいな目的を押し付けず、よく考えてから頼むようにしましょう。

私がこれまで見てきた中で最も残念な目的は「この仕様書を作成する目的は、この仕様書を作成することである」というものでした。これは担当者が悪いのではなく、そのように命じられてしまった結果なのです。

仕様書レビューの例：

- ディレクターによるレビュー
  - 速度に応じてパーティクルの数も増やした方が効果的ではないか？
- デザイナーによるレビュー
  - パーティクルが多いと見苦しいので半透明パーティクルにしたい
  - 仕様書にある黄色から水色への変化よりも、水色から赤色への変化が分かりやすい
- プログラマーによるレビュー
  - 色の変化について、具体的な速度条件を指定してほしい
  - イカロスの能力が強化されたら速度条件は変わるのか？

プランナーによる仕様書レビュー対応例：

このレビューでは、パーティクルの数を増やそうというディレクターの意見と、パーティクルが多いと見苦しいというデザイナーによる意見が矛盾しているため、このままでは仕様書に反映できません。

今回はプランナーの依頼によってディレクターがデザイナーの意見とのとりまとめを検討し、パーティクルを抑える方向で方針が決まったものとします。

しかし最高速度に達したことをプレイヤーに知らせたいというのがディレクターの真の意図だったので、それをパーティクル以外の方法で伝える案を考えるようにプランナーに指示が出され、プランナーは仕様書に新たな案をまとめました。

- 速度に応じてパーティクルの半透明度を上げる
- パーティクルの量を7割に減らす
- パーティクルの色変化は元の仕様書のまま
- 最高速度に達したらイカロスの翼を流線形に変えることでプレイヤーに速度を伝える

また、プログラマーによるレビューを受けて、具体的な速度条件が仕様書に追記されました。この時点ではまだイカロスの能力強化に関する仕様はまとまっていなかったため、能力強化に応じて速度条件が別々に設定されることのみが仕様として設定されました。

ここで気を付ける点として、プログラマーが想定外だった仕様の追加や変更が後から入るとプログラムを全体的に作り直すことになり、プランナーが考えているよりもはるかに重い作業をプログラマーに強いることがあります。これを避けるためにプログラマーは今後の仕様を見越しておきたいのです。プランナー側は仕様の追加や変更を想定しておき、チームで認識を共有しておきましょう。

将来的な大規模バージョンアップまで想定しておくのが理想的です。

仕様書へのフィードバック

仕様書に基づいて仕様が実装されると、次は実装内容の検証を行います。
検証と見直し、修正を繰り返すことで仕様が固まっていき完成へと近付きます。

実装内容の検証

検証の目的は実装内容が仕様書の目的を満たしているのか、企画全体の目的やコンセプトに適合しているのかを確認することです。この検証はチームで行うこともあれば、外部の評価機関や、想定している層に近いプレイヤーを雇ってプレイさせることもあります。

この検証と見直しについては8章で改めて解説します。

検証の例：

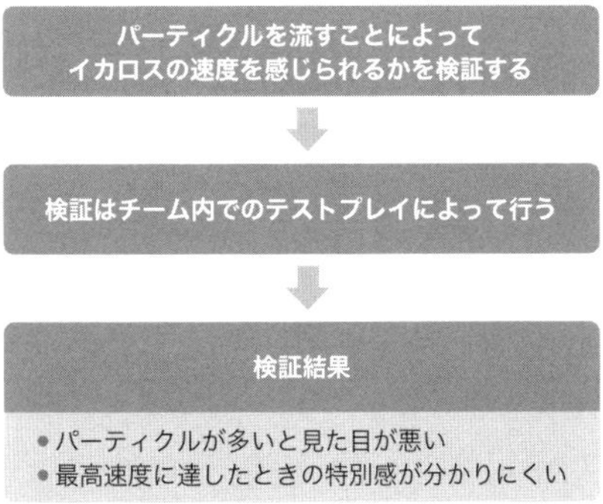

パーティクルを流すことによって
イカロスの速度を感じられるかを検証する

↓

検証はチーム内でのテストプレイによって行う

↓

検証結果

- パーティクルが多いと見た目が悪い
- 最高速度に達したときの特別感が分かりにくい

仕様の見直し

検証結果が問題なければそれでよし、なにか問題があれば仕様の見直しを行います。

ディレクターやセクションリーダーが見直し方針を決め、それに基づいて仕様書が書き直され、今後の作業が変更されたり新たな作業が発生したりします。この見直された作業によるマイルストーンへの影響やスケジュールの遅延、開発費の上昇などを考えねばなりません。

見直しの可能性が高い作業であれば、あらかじめ見直しの日程を含めて作業予定に組み入れておき、予算や期間を確保しておくと全体への影響を抑えられるでしょう。例えば対戦バランスを設定する作業であれば、対戦バランスを調整する作業を続けて設定しておくということです。

見直しの例：

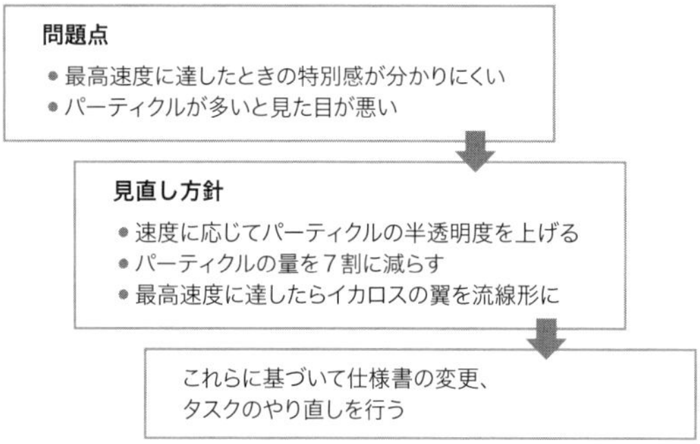

問題点
- 最高速度に達したときの特別感が分かりにくい
- パーティクルが多いと見た目が悪い

↓

見直し方針
- 速度に応じてパーティクルの半透明度を上げる
- パーティクルの量を７割に減らす
- 最高速度に達したらイカロスの翼を流線形に

↓

これらに基づいて仕様書の変更、
タスクのやり直しを行う

問題発生パターン

業務を進めていくと様々な問題が発生します。1パターンの対処で全てに対応できるわけはないので、問題に応じた対策を行わねばなりません。

仮にGDDが不明確で仕様書の作成が進まないのであれば、企画書を見直したうえでGDDを作り直すことになります。

仕様書に書かれている目的が不明確で仕様書をレビューしても意見が合わなくて完成しない場合は、目的を明確にしたうえで仕様書作成の作業を発注するように作業の流れを見直します。

作業に適した担当者がアサインされず作業がうまく進まない場合は、作業と人員のマッチングやチームメンバー構成を考え直すことになります。

成果物を検証したら内容が不十分と判明した場合は、まずその原因を究明せねばなりません。

いずれにせよ問題が発生したら立ち止まり、問題の内容と原因を慎重に確認してから対策に進むことが重要です。急がば回れ、ここで焦れば後で手痛い大問題に膨れ上がってしまいます。

まとめ

ゲーム開発プロジェクトでは企画書に基づいて仕様作成の方針をまとめます。ディレクターがGDDを、デザイナーがADDを、プログラマーがTDDを作成し、これらを方針として開発を進めます。

GDDに基づいてプランナーが仕様書を作成し、レビュー、実装、検証、発見した問題の見直しを行っていきます。

この業務進行における問題を未然に防ぐ、また発生時にもスムーズに対応するための方法がプロジェクト管理です。

いずれの問題も原因は人間にあります。プロジェクト管理は人間の管理方法であり、心の問題の対応方法でもあります。管理方法とは人間の能力を適切に引き出す方法のことであって、人間の支配方法ではない点に注意が必要です。

考えてみよう

仕様検証と見直しで大きく変わったゲームの例として、ある超大作MMORPGを見てみます。

このゲームは正式リリースしてサービス開始するも全体的に評価が低く、いったんサービスを終了して全面的に作り直しが行われました。作り直された主な点は、ゲームエンジン、ユーザーインターフェース、戦闘システム、レベルデザインでした。

このゲームではサービス開始前にβテストが行われており、そこでは以下のような問題点が指摘されていました。

- ユーザーインターフェースが使いづらい
- 多数のバグ
- コンテンツ不足
- ゲームバランスの問題
- シリーズの世界設定を踏襲していない

これらをそのままにしてリリースした結果、結局は全面的な作り直しになってしまいました。幸いにして作り直したバージョンは大好評となりましたが、回避しうるトラブルを避けきれなかったと言えます。

このプロジェクトにおける最大の問題点はどこにあったと思いますか？　また、どのように作ればこの問題点を避けることができたでしょうか？

参考書籍

青山公士
『ドラゴンクエストXを支える技術——大規模オンラインRPGの舞台裏』
技術評論社 2018年

オンラインRPG「ドラゴンクエストX」がどのような経緯で開発・運営されているかの説明から始まり、技術的な視点での解説や、運営と運用について、不具合を修正した結果、別の問題が発生してしまった失敗事例なども含めて知ることができます。

「考えてみよう」で挙げたゲームとはまた異なる事例として、プロジェクトの全体的な流れや業務の流れを理解できるようになる1冊です。

COLUMN デザインとアート

日本のゲーム開発では一般にビジュアル関係の作成担当者を「デザイナー」と呼びます。ところでゲーム全体を設計する担当者はゲームデザイナーと呼ばれます。デザイナーとゲームデザイナー、紛らわしいですよね。

アメリカのゲーム開発では、ビジュアル関係の担当者はアーティスト、ゲームデザイナーはそのままゲームデザイナーです。この方が紛らわしくなくて良いと思うのですが、日本ではアーティストという呼び名に「芸術家の先生」といった強すぎるイメージがあるようであまり使われません。

しかしデザイナーが作成する作業方針書類は日本でもアートデザインドキュメントです。デザイナーデザインドキュメントだと訳が分からないからでしょう。やはりデザイナーという呼び名にはちょっと無理があると言えそうです。

ゲーム開発の国際化も進んでいます。そろそろデザイナーからアーティストへの呼び名変更を考えてみませんか？

第3部

開発の管理

Ⅶ

タスク管理の進め方

タスクでプロジェクトを管理する

ここからは具体的な開発の管理方法に進みます。これまでも解説してきたタスクについて、本章ではタスク管理の考え方と実践的な進め方を解説します。

また、タスク管理に失敗したときにはどのような現象が起きるのかについても説明します。そのような状況にならないようにプロジェクトを進めましょう。また万一発生してしまった場合は速やかに状況を確認して対応していきましょう。

この章では以下の流れでタスク管理を解説していきます。

1. タスクの概要
2. タスクの管理の流れ
3. タスクの設定
4. タスク管理の破綻で起こる「デスマーチ」

タスクの概要

タスクの考え方

プロジェクトは様々な作業の集まりであり、この作業ひとつひとつを「タスク」と呼びます。

仕様書の内容を実装したりデータ作成をしたりといった作業を、ある1人の一作業にまで細かく分解したものがタスクです。プロジェクト管理では、このタスク単位で作業を管理します。

ディレクターやセクションリーダーなどの作業管理者が、タスクを作業者に割り振ります。作業者はタスクの進捗状況を定期的に報告し、作業管理者が確認します。作業管理者がタスク完了を確認すれば、そのタスクは終了となります。

タスクベースでの管理メリット

膨大な作業を1人の一作業にまで分解してタスクとすることで、誰が何をやっているのか、その作業はどこまで進んでいるのか、誰と誰の作業が関連しているのかを可視化することができます。これによって作業状況を分かりやすく管理することができますし、誰かの作業によって作業が滞っている場合もボトルネックが分かりやすくなります。

・誰が今何をしていてどこまで進んでいるのか、誰と誰の作業が関連しているのかが明確
・問題を把握して対処しやすい

・今何をしていてどこまで進んでいるのかアバウトにしか分からない
・誰と誰の作業が関連しているのか分からない
・問題が起きたら、ただ表が伸び続ける……

スケジュール表で管理

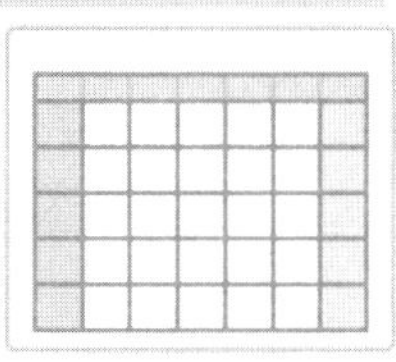

次の画面はタスク管理ツール「Jira」を使って、各メンバーのタスクを一覧したものです。誰がどのような作業を抱えていて、それぞれがどのような段階にあるのかを、タスクベースでの管理画面によってわかりやすく把握できます。

参考：タスクベースでの管理画面

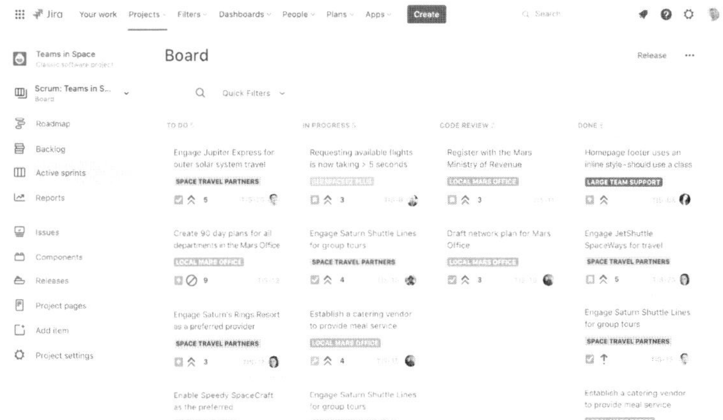

画像引用：Atlassian Software　Copyright © 2022 Atlassian
https://www.atlassian.com/ja/software/jira

タスク管理の流れ

タスクの管理は段階的に進行します。

まずはどのようなタスクがあるのかを仕様書から割り出します。これをタスクの分解と言います。分解されたタスクは作業者に割り振られ、作業者はタスクを実行して成果物を作成し、成果物が確認されて問題なければ作業完了となります。

この流れを詳しく見ていきましょう。

タスクの分解

タスクはプロジェクト管理における作業の最小単位でもあります。プロジェクトの作業は仕様書からタスクに分解されて作業者に割り振られ、タスク単位で進捗や成果物を管理されます。

なお、タスクをどのぐらい細かく分解するのかは作業者と作業管理者のやりやすさによります。基本的には定期的な報告のサイクル期間とタスクの完了予定期間を合わせると進捗を確認しやすくて良いでしょう。

例えば1週間ごとにタスク進捗報告するのであれば、1週間で完了できる程度のタスク作業量にします。

管理が面倒だからと言って1タスクを長くした場合、例えば1タスクを6か月に設定したりすると、そのタスクの遅延が6か月後になってからようやく判明しかねません。逆に1タスクを1日にすると、タスクが細かすぎて管理しきれなくなる恐れがあります。

タスク分解の例

項目	内容
プログラマーA	速度に応じたパーティクル制御プログラムを組み込む（実装する）
デザイナーB	パーティクルの色と変形を指定する
プランナーC	実装結果が仕様通りか確認する
ディレクターD	実装結果が目的を達成しているかを承認する

タスクの割り振り

分解されたタスクは作業者に割り振られます。この割り振りを行うのは基本的に作業者の上長になりますが、組織の体制やプロジェクトの方針によって異なります。

チームにおける各職種をセクションにまとめて管理するプロジェクトの場合、セクションのリーダーがタスクの割り振り（アサイン）を行うのが一般的です。

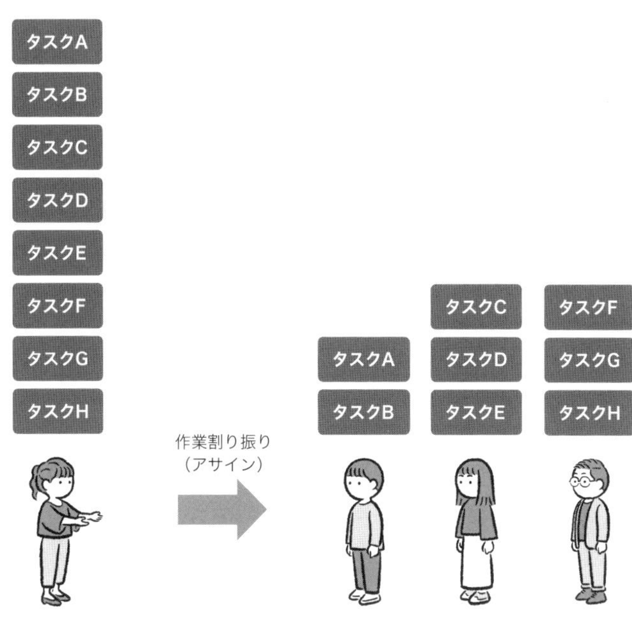

タスクの進捗

タスクの進捗は作業者の上長によって定期的に管理されます。週報や日報を上長に提出する、1週間に一度の定例会議で進捗を報告共有する、毎日の朝会で報告共有するなど、管理方法には様々なパターンがあります。実際の現場でも、1つの方法だけでなくいくつかの方法を組み合わせて管理されることが多いようです。

タスクの状況が変化した場合は、そのタスクの関係者に報告されます。例えばタスクに遅延が発生した場合、作業者の上長、そのタスクの仕様作成者、タスクに関連する別タスクの作業者(そのタスクで使うデザインデータの作成者など)、そのタスクの責任者であるディレクターなどにまとめて報告されます。

ここで注意すべき点として、タスクの数が莫大になっていくと確認がおざなりになりやすいことがあります。仮にタスクの作業が進捗したという報告をメールで受けている場合、あまりにも多すぎて、ただメールボックスに貯めるだけで見なくなることがありがちです。おざなりな確認は注意すべき問題を見落とすことに繋がります。これを避けるためにも、全員に都度細かくタスクの報告を行うのではなく、重要な関係者だけにタスクの報告先を限定したり、報告頻度を調整したりと、人間が把握できる程度にタスクの報告を絞り込む必要があります。

タスクの確認

タスクの成果物を作業者が作成し終わった場合、そのタスクに責任を持つ確認者が成果物の確認を行います。この確認によって実際に作業完了しているとみなされた場合は、そのタスクは完了となります。確認者が誰になるのかはタスクの内容やプロジェクトでのルールによって異なります。

作業完了した作業者は、割り振られている残りのタスクの中から優先度の最も高いタスクを開始します。タスクを開始しようとしても、ほかのタスクが作業完了しないと開始できない状況になっていて待たざるを得ないこともあります。このタスクの依存性については、タスクの設定の項(P.112 参照)で解説します。

ここまでの仕様設計からタスク完了までの流れを図にまとめると以下のようになります。

タスクの流れ：

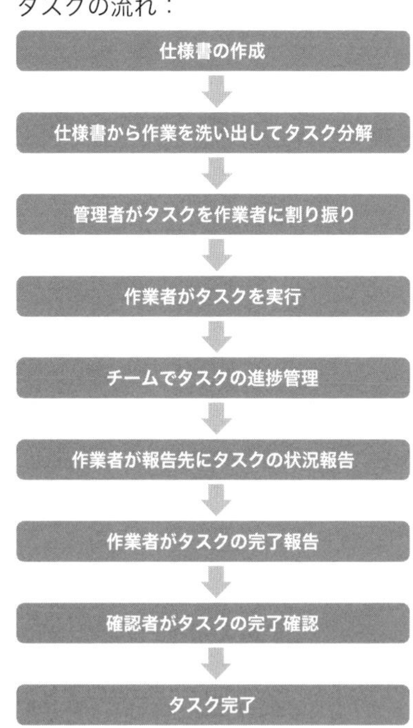

タスクの管理環境

通常、1つのプロジェクトで生まれる、ないし同時に進行するタスクは数百～数千以上もの数になります。これらの莫大な情報や報告確認を手動で管理するのは非常に煩雑な作業となってしまうため、実際の現場ではプロジェクト管理ツールでタスク管理するのが一般的です。このプロジェクト管理ツールについてはAppendixで解説します。

タスクの管理要素は管理方法によっても異なりますが、ここでは主要な要素を挙げます。

タスクの管理要素

要素	内容
目的	そのタスクで実現したいこと
期間	タスクの作業期間
属するマイルストーン	どのマイルストーンのために行う作業なのか
工数	タスクが使う工数
実行者	タスクの実行者
報告先	タスクの報告先の人
確認者	実行し終わったタスクが本当に終わったか確認する人
内容	タスクで行う細かな内容
状況	実行待ち、実行中、確認待ち、確認完了など
優先度	全体の中でそのタスクを優先する度合い
他タスクへの依存性	他タスクが完了しないと開始できないタスクか？
リスク	そのタスクを行う上で考えうるリスクはあるか

Ⅶ

仮にレースゲームを作るとした場合のタスクを各１つずつ挙げてみます。これらの要素はプロジェクト管理ツールに登録されて、管理・共有・報告・確認が行われます。

タスクの例

要素	内容
目的	レースゲームのドリフト機能を作る
期間	○月○日まで
工数	40人日
実行者	プログラマーA
報告先	ディレクターB、プログラマーC、プランナーD
確認者	ディレクターB
内容	車ごとに異なるドリフト性能を持たせる 加速しながらハンドルを切ることでドリフトする
状況	実行中
優先度	S（最優先）
他タスクへの依存	基本的な車操作のタスクが完了してから開始する
所属するマイルストーン	プロト版
リスク	スマホではドリフト操作が難しくなりすぎる恐れがある

タスクの設定

タスクを作成するにあたり、特に重要な管理要素である優先度、依存性、リスクとリターンの設定について解説します。

タスクの優先度

プロジェクトをスムーズに進めていくには重要なタスクから先に完了させていく必要があります。重要度を共有し、視覚的にも理解させるため、タスクには優先度を設定します。

優先度の表記について、日本のゲーム会社では以下の分類を使うことが一般的です。

必須	S
重要	A
できればやる	B
やらなくてもよい	C

S は Special や Super といったイメージから来ているようです。単なる提案の場合は優先度 D とするなど、組織によってローカルルールが見られます。

なお、海外では優先度に「S」を使わないのが一般的です（「A」「B」「C」「D」順を使うことが多いようです）。これはアメリカでの成績評価が ABCDF の 5 段階評価であることに基づいているものと思われます。

海外とプロジェクトを行う場合は、これらの優先度および表記方法についてもルールを擦り合わせておく必要があります。

タスクの依存性

タスクは独立しているものと他のタスクと依存関係があるものに分けられます。ほとんどのタスクは後者です。そのタスクがどの程度他のタスクに影響を与えるかをここでは「依存性」と呼びます。以降、本書では他のタスクに影響を与えるタスクを「依存元」、影響されるタスクを「依存先」とします。

タスクの依存性の例：

- あるタスク（依存元）が終わらないと開始できないタスク（依存先）
- 複数のタスク（依存元）が全て終わらないと開始できないタスク（依存先）
- あるタスク（依存元）がなくなると一緒になくなるタスク（依存先）
- あるタスク（依存元）が変更されると共に変更されるタスク（依存先）

基本的に依存元のタスクのほうが高い優先度となり、先に完了させていきます。以下の例のように、あるタスクが依存元であり依存先ということもあります。

タスク依存性の例

タスク	依存性
車の 3D モデル構造を決める（全ての依存元）	これが変更されると以下のタスク全てに波及
主役の車をデザインする（依存元）（依存先）	車デザインの基本となる
脇役の車をデザインする（依存先）	主役の車デザインが決まらないとデザインできない
車に乗る主役キャラのモデル構造を決める（依存元）（依存先）	主役の車デザインが決まらないとデザインできない これが変更されると以下のタスク全てに波及
車に乗る主役キャラのデザインを決める（依存元）（依存先）	キャラデザインの基本となる
車に乗る脇役キャラのデザインを決める（依存先）	主役のキャラデザインが決まらないとデザインできない

VII

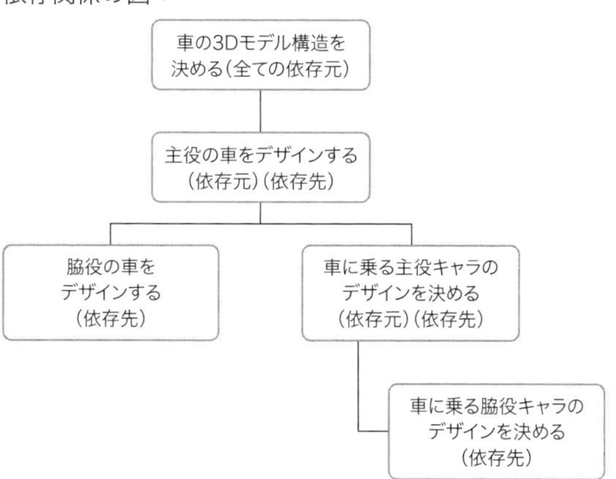

膨大な数のタスク同士の複雑な依存関係を人力で管理するのは困難です。そこで実際の開発現場では複雑な依存性を把握するためにタスク管理用のツール（プロジェクト管理ツール）を使います。プロジェクト管理ツールについては Appendix で解説します。

タスク依存性の図示例：

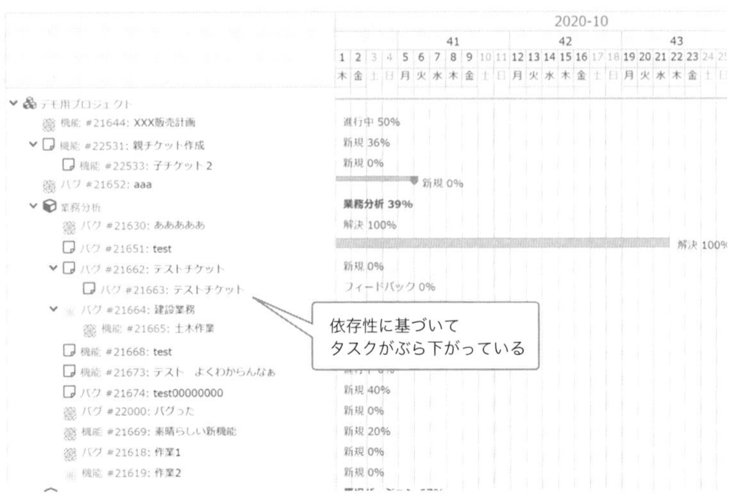
依存性に基づいて
タスクがぶら下がっている

出典：RedMica1.1（Redmine 互換）デモサイト　©2006-2020 Jean-Philippe Lang
https://my.redmine.jp/demo/

▶リスクとリターン

ここで言うリスクとは、あるタスクを行う上で予想される危険な問題のことです。あらかじめリスクを洗い出して対策を考えておくことで、実際に問題が生じたとしても速やかに対応できます。

タスクの優先度を設定するには、タスクのリスクも考慮する必要があります。リスクが大きいタスクを後回しにしておくと、取り返しのつかない後半になってから問題が発覚することになりかねなません。優先度を上げて先にリスクに対処しましょう。

かと言って「リスクになりうるものは徹底的に避ける」のも良いことではありません。ゲーム開発において、リスクは必ずしも避けるべきとは限らないものでもあります。

そもそもゲームは不確定な要素が多くてリスクの塊です。新しいキャラ、ストーリー、ビジュアル、感動、面白さ、これらはことごとくリスクです。リスクから逃げると新しいものは作れなくなります。リスク０とはつまり「何もしない」ということです。

本当に良い物がつくれるかどうかはやってみなければわかりません。新しいもの作りへの挑戦はリスクが大きいものですが、ノーリスクノーリターンでは面白いものにはなりません。リスクを支払うことで面白さというリターンを得ることができるのです。

しかし、だからといってリスクを何も考えなければ、思わぬ事態に足をすくわれてしまいます。ゲーム開発ではリスクとうまく付き合っていかねばなりません。リスクを確認し、対応方法を考えながら進めていくことで、リスクをリターン（成果）に変えていきましょう。

タスク管理においてはそれぞれのタスクが持つリスクを評価して、リスクが大きなタスクの優先度を上げて対応してきます。リスクが現実化した場合の保険となる方法も考えておき、万一の事態にも対応できる体制を作っておきましょう。

リスクの例

程度	リスク	対策
S	スマホではドリフト操作が難しい可能性	自動ドリフト機能を検討
S	他社から競合タイトルが同時リリースされる可能性あり	人気シリーズキャラを採用 リリース時期変更
S	欧米でガチャが禁止される可能性	ガチャではない課金方式を検討
A	スマホの新OS対応で仕様変更の可能性	仕様変更を調査して、あらかじめ想定した仕様にしておく
B	国によっては特定キャラの人気が著しく低い	国別にキャラ変更できる仕様を検討

以下のような業務であれば開発リスクは生じません。

ノーリスクな業務の例：
- 以前に作ったゲームの著作権を保有し、その権利を許諾するだけ
- 以前に作ったゲームの特許権を保有し、その権利を許諾するだけ

ただ、開発のリスクこそありませんが、これだけでは新しいものを自ら生み出すこともできません。そして新しいものを生み出せないので成長もありません。リスクがなければ、それに見合うリターンはないのです。

優先度設定の考え方

タスクは以下を基準に優先度を設定していきます。

- マイルストーンを達成するための必要性：
  S：マイルストーンを達成するために必要不可欠
  A：マイルストーンでの完成度が大きく上がるので優先してやったほうが良い
  B：マイルストーンでの完成度が少し上がるので、できれば優先してやったほうが良い
  C：マイルストーンと関係ないオマケ要素

- リスク(後回しにする危険性の大きさ)：

例：経験がないので作ってみないとわからない
　技術的にとても難しいとわかっている
　有名イラストレーターに頼みたいが締切を守らないことで有名

- タスクの依存順：
  依存元のタスクは、依存先のタスクよりも優先度が高くなる

これらを総合すると、より必要性が高く、よりリスクが大きく、より依存されているタスクが高い優先度になります。

タスクの優先度の例

以下はコンセプトを「ドリフトが気持ちよいレースゲーム」、マイルストーンの目標を「ドリフト操作の気持ち良さを確認する」とした場合の例です。

目標達成に必須であり、かつ実現できなかった場合にコンセプトが破綻して致命的なリスクとなるタスク「車のドリフト機能を作る」が優先度Sとなっています。そのタスクが依存しているタスクもS、その他、気持ち良さにとって重要なタスクがAです。

優先度	タスク
S	車の基本操作を作る
S	車のドリフト機能を作る
S	基本的な車を1台デザインする
S	ドリフトできる基本的なコースを一か所デザインする
A	車の走行音を鳴らす
B	キャラクター別に車をデザインする
B	車に乗るキャラクターをデザインする
B	BGMを鳴らす
B	キャラクターにしゃべらせる
C	キャラクターが登場シーンで踊る

タスクはプロジェクト

タスクはそれぞれが以下のようなプロジェクト的要素を持っています。

- 目的
- 期間
- 実行者
- 内容（成果）

つまりタスクはひとつひとつが小さいプロジェクトといえます。

タスクの担当者が小さなプロジェクトの責任者として各要素を把握・管理していくようにすると、プロジェクトは自律的に進むようになります。

そのためにも、作業者が言われたことをやるだけという状況は避けて、プロジェクトチームの全員が自己管理できるようにしていきましょう。

タスク管理の破綻で起こる「デスマーチ」

タスク管理が破綻して、プロジェクトの終わりが見えなくなった状況をデスマーチと呼びます。

デスマーチはプロジェクトにおける最悪の状況です。タスクは爆発的に増えていき、タスクを終わらせてもマイルストーンが進展せず、チームメンバーを増員してタスクに割り振っても状況が改善しません。

開発は延期が重ねられ、最終的には中止されるか、目的から遠く離れた低品質の成果物が残されます。チームは疲れきって、未来につながる経験は残らず、つらい思い出だけが記憶される結果となります。

デスマーチ：

・開発の延期
・中止になることも
・製品の質にも影響

・やることだけが増えていく
・業務が進展しない

・肉体的、精神的負担
・正しい成長が得られない

デスマーチは以下のような状況が複合して発生します。どれかひとつでも思い当たるものがあれば注意すべきでしょう。

- コンセプトを達成するために必要な人員が全く足りていないが、それをチームが把握していない、もしくは人員不足をあきらめている
- プロジェクトの期間が本来必要な期間よりもはるかに短い
- 目的に対して適切なコンセプトが設定できておらず、コンセプトに沿ったタスク作業を進めても目的を達成できない
- そもそもコンセプトが実現不可能なのに、それを無視してタスク設定されている

また、基本的にはデスマーチも突発的に発生するものではありません。突入する前には必ず何らかの兆候が表れます。

例として以下のような状況がデスマーチの兆しです。業務中にこれらの状況に気づいたらできるだけ迅速に解消できるよう努めましょう。

- リスクが無視される
- コンセプト実現不可能となっても見直しが行われない
- マイルストーンで検証することがはっきりしない
- 増員されても作業状況が改善しない
- 目的の不明なタスクが積み上がっていく

典型的な兆候としては、デザイナーが働いてデザインデータだけは増えていくのに、プランナーのゲームシステム仕様はまるで進まず、デザインデータの山ができ始めるというものです。企画のコンセプトに無理があるとこのような状況が発生し、デスマーチにつながっていきます。

デスマーチの原因に人員不足がある場合、プロジェクト開始時点でのタスク設定について精度を上げ、人員不足で無理やり開始しないようにします。このとき、すでにデスマーチ状態のところに後から人員を追加しても焼け石に水で効果は低くなります。プロジェクトのマイルストーンを頭から仕切りなおしたほうが効果的です。

不適切なコンセプトが原因のデスマーチについては、企画の目的とコンセプトを最初のプロト版マイルストーンでしっかり検証するようにしましょう。これで目的から乖離した不適切なコンセプトを洗い出せます。そもそも実現不可能なコンセプトが設定されている場合もこれで確認できます。

デスマーチの根本的な発生理由は、仮説と検証がないことにあります。コンセプトが仮説になっておらず、やってみれば何か面白いかも？というただの思い付きにすぎないと、タスクが無駄に発生して検証できなくなります。

リスクを管理しないのも理由のひとつです。タスクのリスクを管理せず、リスクが現実になっても無視することでデスマーチになります。

こうした頭を使わない楽観論がデスマーチを招きます。成功には前向きに、しかしリスクには楽観せず厳しく進めねばなりません。

近年のデスマーチ対策としては以下のようなことが行われています。

- ベンチマークとなる先行タイトルを決めて、その内容をよく分析することで、ゲームシステムの仮説と検証を開発前に済ませる
- 既存のシステムを使い、人気作品のライセンスを受けて皮替えしたゲームを作る
- コンセプトに適したゲームエンジンを使う（そしてゲームエンジンの機能内で安全に仕様設計する）

まとめ

プロジェクトは細かな作業（タスク）に分解されます。タスクは様々な要素を持ち、一つ一つが小さなプロジェクトだと言えます。

タスク同士には複雑な依存性があり、その要素や依存性は一般にプロジェクト管理ツールによって管理されます。

タスクはあらかじめリスクを洗い出しておき、対策を考えておくものです。リスク管理が不十分であったり、コンセプトがただの思い付きで仮説と検証がなかったりすると、デスマーチが発生してしまいます。この状況は最悪であり、絶対に避けねばなりません。

考えてみよう

あなたが行っていることからプロジェクトと言えることを挙げ、そのプロジェクトを構成するタスクを以下の箇条書きが埋まるように３種類挙げてみましょう。

タスク

目的	
期間	
内容	
実行者	
報告者	
確認者	
優先度	
他タスクへの依存 （依存性があれば）	
リスク	

参考書籍

エドワード・ヨードン
『デスマーチ 第２版 ソフトウエア開発プロジェクトはなぜ混乱するのか』
日経BP　2006年

デスマーチ・プロジェクトの発生メカニズムとそこからの生還方法について詳細に解説されています。失敗プロジェクトを起こさないためのプロジェクトマネジメントについてよく学ぶことができます。

言われたことをやるだけ

あるターン制ゲームの開発で、対戦シーンをスキップして結果だけ表示するプログラムを作る、というタスクがありました。

ただし仕様書が不完全で、そのタスクにはスキップ時の対戦結果をどう決めるのかという仕様が抜けていました。多すぎるタスクに疲れていたプログラマーは乱数でプログラムを組み、対戦相手のステータスに関係なく、50％の割合でどちらかが勝つようにしたのです。そのプログラマーは面白くないとわかってはいたのですが、仕様がない以上、これで正しい実装だと主張しました。

言われたとおりにやるだけなのであれば、何も言われていない以上はこの中身がない実装が正しいのかもしれません。しかしプレイヤーから見れば面白くもなんともない実装です。

「言われたことをやるだけのチーム」という状況を作ってしまうと、クオリティがとことん下がってしまうという失敗例でした。結局作り直しになってしまい、プログラマーはもっと疲れることになりました。悲しい思い出です。

第3部

開発の管理

VIII

マイルストーン管理の進め方

マイルストーンを活用する

マイルストーンはプロジェクト管理での重要な概念です。

一見では締切だけを示した単なる固定スケジュールのようにも見えますが、「ゲーム開発の仮説を立て」、「実装して」、「検証し」、「見直していく」という動的なサイクルがマイルストーンの本質です。

P.106 で説明したタスクもマイルストーンに基づいて発生します。逆に言えば、マイルストーンはタスクをまとめて管理する概念とも言えるでしょう。

本章ではマイルストーン管理の進め方について学びます。

マイルストーンの概念

プロジェクトをタスクに分解していくと、状況によっては何千何万もの数になります。タスクがあまりに多くなってしまうと、そのままでは管理できません。

そこで、タスクの作業を大きく優先度やリスクで区分けし、段階的な目標を立てて開発していく方式がとられます。これによって重要事項や今取り組むべきことが明確になり、より効率的かつ確実に開発を進めることができます。この段階的な進め方をマイルストーンと呼びます。なお、ゲーム開発ではマイルストーンと呼ぶのが一般的ですが、業界によってはフェーズゲートと呼ぶこともあるようです。

ゲーム開発では、中核的な部分から取り掛かり、その後で全体へと開発を進めていきます。その過程で、実装した成果物がプロジェクトの目的およびコンセプトを達成することができるのか、できているのかという仮説を段階的に検証していきます。マイルストーンではこの流れを管理します。

各マイルストーンは以下の要素で定義されます。

マイルストーンの要素：

- 名称
- 完了期日
- 達成目標
- 達成目標の検証内容
- 期日までに完了させるタスクリスト

ここでの達成目標は、企画とコンセプトに基づく仮説を証明することです。

検証内容は仮説を証明するための検証方法と基準であり、目的とコンセプトによって異なります。なお、マイルストーンは段階を追うにつれて達成目標がより広くなっていきます。例えば最初のマイルストーンであるプロト版ではゲームの基本的要素だけを達成目標として検証しますが、次のα版では仕様全体が達成目標となり、大幅に達成目標が広くなっています。常に同程度の規模で区切られるわけではないことは注意しておきましょう。

次の項からはマイルストーンの流れを見ていきます。

マイルストーンの流れ

マイルストーンは基本的に以下に示す5つの段階で進んでいきます。そしてプロジェクトでは各段階の定義を明確にしておく必要があります。

明確な定義はチームの力をまとめ、開発の進捗を明確にすることができます。しかし定義が不明確だと、そのマイルストーンでの目標が分からなくなって作業が迷走したり、本当はできていないのに完成していることにしたり、その場その場で都合の良い定義にすり替えて遅れをごまかしたりといった事態が起きてしまいます。

マイルストーンの基本的な流れ：

① プロト版

② α版

③ β版

④ マスター候補

⑤ ゴールデンマスター

なお、必ずしもこの5つに分け切らないといけないわけではなく、仕様の規模に応じて段階をもっと増やすこともあります。

ここでは例として以下のように5段階を定義しました。それぞれ解説していきます。

段階	定義
プロト版	・ゲームの中核となる基本的な要素が実装されている。 ・基本部分が目的やコンセプトに沿っているか確認できる。
α版	・仕様全体が実装されている。 ・仕様全体が目的やコンセプトに沿っているか確認できる。
β版	・仕様全体が完成している。 ・仕様は調整されているが、不具合は残っている。
マスター候補	・全ての不具合を修正し、調整も完了。 ・開発チームとしては完成している。
ゴールデンマスター(GM)	・全ての確認が終わって完成している。

プロト版

プロト版はゲーム開発プロジェクトにおける最初のマイルストーンです。プロト版の正式名称はプロトタイプ版ですが、読み上げるには長いので、本書では一般的に使われている略称のプロト版を用います。なお、会社によってはプリプロ版やファースト版など他の名称で呼ばれることもあります。

ここで大事なのは、この最初のマイルストーンで「ゲームの中核となる基本的な要素を確認する」ということです。

ゲームにおいて欠かすことができず、かつ作ってみないと分からない中核をテスト的に実装し、本当に作ることができるのか、それは目的やコンセプトを達成できるのかを検証します。

作ってみないと分からない要素には大きく分けて技術面とアイディア面があります。ゲーム開発において技術的にリスクが大きい部分を検証する場合、例えば史上初の千人同時プレイ格闘ゲームであれば、千人での格闘を作ることができるのかをプロト版で検証します。これがもし失敗すれば、そもそもプロジェクトは進められないということになります。

また、これまでにないアイディアの仮説を優先して検証する場合は、例えばその千人同時プレイ格闘ゲームがはたして実際に面白いのかどうかを中心に検証します。これが面白くなかった場合は仕様を見直したり、場合によっては中止にしたりということになります。こうしたとき、中止が怖くて面白くないのに進めてしまうこともよくありますが不幸な結末にしかなりません。検証は冷徹に進めて、結果は真剣に受け止めましょう。

このプロト版では検証が最重要なので、テスト用に作った成果物がその後に使用できるかどうかにはこだわってはいけません。スピード重視で既存データを組み合わせて作り、テスト後は全て廃棄することもあります。

余談ですが、筆者は他社ゲームのMOD[1]によってプロト版を開発し、検証に使ったことがあります。

プロト版の定義

- ゲームの中核となる基本的な要素が実装されている。
- 基本部分が目的やコンセプトに沿っているか検証できる。
- つまり基本的な要素のタスクが完了している。
- 最初にプロト版を作って、ゲームの目的とコンセプトという仮説が正しいかどうかを検証する。

1：ゲームの改変データ。ゲームによっては公式にMOD作成環境が用意されている。

プロト版の達成目標の例１：

新作格闘ゲームのプロト版

2種類のキャラと基本的な技だけできていて1ステージで対戦できる

・基本的な操作がコンセプトどおりかを検証できる。
・キャラのビジュアルや動きがコンセプトどおりかを検証できる。
・コンセプトが「コンボの気持ち良さ」であれば、それが実現できているのかをテストプレイヤーを使って検証する。

プロト版の達成目標の例２：

新作レースゲームのプロト版

1つの車で1つのコースを周回だけできる

・車の挙動や操作感がコンセプトどおりなのかを検証できる。
・コンセプトが「ファミリーが簡単に競争できる」であれば、それが実現できているのかをファミリーを呼んで検証する。

プロト版の成果物を検証するには、その目標に応じた方法を用います。

技術的な目標を検証するのであればその技術の専門家に評価させ、遊びの目標を検証するのであれば、想定しているプレイヤーに近い層のプレイヤーを用意して、実際のプレイによって評価させます（例えば小学生向けのゲームであれば小学生を呼ぶ必要があります）。

イメージの目標を検証する場合、例えば主人公キャラクターが皆に好かれるイメージなのかを広く検証したいのであれば、想定しているプレイヤー層に対してアンケート調査してみる必要があります。これらの方法は改めて解説します。

技術的検証	・技術者がプログラムをテストして検証
遊びの検証	・チームでのテストプレイや対象層に近いプレイヤーにプレイさせて検証
イメージの検証	・ビジュアルイメージを使って体外的なアンケートを行い検証

▶ α版

プロト版のマイルストーン目標を達成できれば、次はα版のマイルストーンが始まります。

α版ではゲーム全体の仕様が目的とコンセプトを達成できているのかを検証します。この段階ではゲームバランスなどの仕様は調整されておらず、プログラムには不具合が残されていますが、それらはα版での目標とは関係ないため検証の対象とはなりません。

α版の定義

- 仕様全体が目的やコンセプトに沿っているか確認できる。
- 仕様全体が目的やコンセプトに沿っているか検証できる。
- 仕様は調整されておらず、不具合も多く残っている。

α版の達成目標例：

格闘ゲーム

- 全キャラ、全ステージが実装
- ゲームシステムがひととおり実装
- ゲームを通しプレイできる
- キャラのバランスは未調整
- ビジュアルは不完全

ゲームの中核的な要素をテスト的に開発すればよかったプロト版に対して、α版では基本的に仕様の全てが実装されることになります。この差が非常に大きいので、α版と言いつつ検証してみるとプロト版レベルの内容しかできていないということが横行しています。それではゲーム全体を正しく検証することができず、品質の低いゲームができてしまいます。

著者が見てきた実例では、α版がいつまでも完成できないのでα-版という独自のマイルストーンが突然作られ、いつの間にかβ版となってそのままリリースされてしまいました。ゲームの内容は不完全なまま、α版マイルストーンには結局到達することがありませんでした。

こうした問題を起こさないためのメジャーな対策としては、プロト版マイルストーンの段階を増やしてプロト 1、プロト 2 といった間を挟み、プロト版とα版の差を縮めるといった方法があります。

マイルストーンの段階を増やした例：

- プロト１　バトル部分だけできている
- プロト２　バトル部分とストーリー部分ができている
- プロト３　バトル、ストーリーに加えてキャラのカスタマイズもできている

　また、これとは別に近年に生まれた新しい対策としてバーティカルスライスがあります。ゲームの序盤から途中までが完成しており、そこだけを切り出して通しプレイできるというものです。

　全システムを作らねばならないので開発の負担は大きいのですが、ゲームプレイを詳しくチェックできます。マネタイズ（収益を得るためのの仕組み）などゲームの重要な流れを確認するために、最近のスマホ向けガチャ RPG ではこの方法を使うことが増えているようです。

　スマホゲームでは正式サービスを開始する際にもゲームの序盤だけしかアプリに収録されておらず、オンラインで段階的に追加していくことが一般的です。バーティカルスライスではこの正式サービス開始時に近い内容のバージョンを作ることになります。

　バーティカルスライスは外部プレイヤーによる評価に使われることもあり、その場合は不具合修正やゲームバランス調整もされている必要があります。

バーティカルスライス：

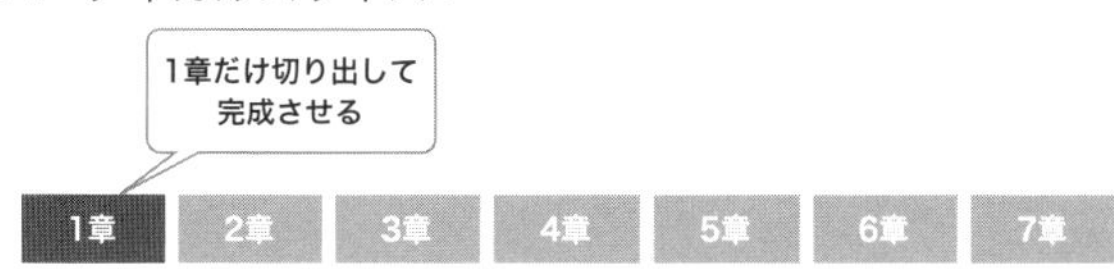

バーティカルスライスの例：

RPGのバーティカルスライス

・1章を通してプレイできる。
・ガチャなどの1章プレイに関連する他モードもひととおりプレイできる。

▶ β版

β版のマイルストーンでは、成果物の最終的な検証が行われます。

β版の達成目標は仕様全体の完成です。完成版と同様に仕様全体が機能しており、ゲームのバランスも調整が完成していることが求められます。ゲームをひととおりプレイできる程度に不具合は取り除かれていますが、十分ではありません。十分に不具合が解決されるとマスター候補となります。

β版の定義

- 仕様全体が完成している。
- バランスは調整されているが、不具合は残っている。
- ひととおりの不具合が解決すれば完成してマスター候補となるバージョン。

α版と異なり、β版の不具合に対しては調査と修正が行われます。問題となるような不具合がひととおり解決すれば完成してマスターの段階に移行します。

この不具合修正のために、本格的なテストプレイと不具合チェックが開始されます。この作業は一般にQA（Quality Assurance＝品質保証）と呼ばれる専門部署や専門業者が担当します。

● ゲームの不具合

ゲームの不具合については様々な種類があります。

- バグ
- 仕様
- ハードウェア環境
- 作成基準
- 低品質

プログラムの不具合がいわゆるバグです。プログラムのミスによる異常動作によって、表示がおかしくなったり、処理が仕様とは異なったり、内部データが破壊されたり、ゲームが停止したりと様々な異常が発生します。バグはテストプレイによって発見し、基本的にプログラマーが修正します。

仕様上の不具合は、仕様書自体にミスや問題があるという不具合です。例えば仕様上は正しい動作ですが攻撃があまりにも強すぎてバランス崩壊していたり、条件分岐先を忘れていてゲームが先に進まなくなったりするケースがこれにあたります。この不具合はプランナーが確認して、仕様もしくはプログラムが修正されます。

ハードウェア環境の不具合は、特定のハードウェア環境下で、プログラムとハードウェアやOSとの相性によって問題が生じるというものです。症状としては表示の異常、プログラムの停止、データ消滅などがあります。環境が複雑で多岐にわたるPCゲームやスマホで発生しやすい不具合であり、パソコンなどではそれまで問題なかった機器でもOSのアップデートで発生してしまうこともあります。この不具合を避けるためには、様々な環境を用意して動作確認することになります。チェックのために様々な機種のスマートフォンを揃えている会社も多いようです。問題発生時はハードウェア環境を再現して個別対応することになります。

全世界でただ1人のプレイヤーの環境でだけ発生することもあり、難しい不具合です。筆者が遭遇したものとしては、冬の北海道でよく冷えたPCにだけ発生するという不具合が最も謎でした。PCを冷凍庫に持ち込むことで再現が取れて無事に対応されました。

作成基準の不具合は、自社または他社が定めた作成基準に違反しているという不具合です。AppleやGoogle、Sonyや任天堂などのプラットフォームホルダーは自社ハード向けのソフトウェアに対して様々なルール（作成基準）を設けています。作成基準を守っていないソフトウェアのリリース（公開）をプラットフォームホルダーは認めません。

自社による作成基準の場合も基本的に同様です。ゲーム開発では厳密に作成基準を守らねばなりませんが、変更や追加も多く、違反の修正なしに済ませるのは困難です。同じ会社でも国別に作成基準の解釈が異なることすらあります。

低品質の不具合は、ゲーム処理が想定よりも重すぎて快適にプレイできないなど、品質が許容できないほど低い状態のことです。プログラムのミスではありません。例えば格闘ゲームで必殺技を出すと表示処理負荷が大きすぎてゲームがスローモーションになってしまったり、ロードに15分間もかかったりといった状態です。処理が重いデザインデータの軽量化や、プログラムの無駄を省いて高速化するなどして対処します。

- βテスト

β版を使って大規模なβテストが行われることもあります。βテストでは多数の一般プレイヤーに参加してもらい、ほぼ製品版に近い内容で、製品版と同じ環境を使ったテストを行って問題を洗い出します。

なお、スケジュールが遅れていると、β版といいつつ実質的にα版で各種テストを始めてしまうことがよくあります。テストする部隊に無駄な作業を強いてしまうのでこれは避けましょう。また、そうしたバージョンでβテストを行うと不具合だらけという評判が立ってしまいます。テストのつもりでもプレイヤーには品質を評価されてしまうことを留意しましょう。

マスター

製品をリリースするには、マスターを完成させねばなりません。マスターのマイルストーンでは、マスター候補を作成し、それが承認されればゴールデンマスター、即ち完成版となります。

チームからマスター候補を提出
社内のQAチームや社外のプラットフォームホルダーが審査
不合格だと作り直して再提出
合格すればゴールデンマスター（完全版）になる

マスター候補の定義

・全ての不具合を修正し、調整も完了して、開発チームとしては完成している。

マスター候補では全ての不具合が修正され、調整も完了しており、プロジェクトチームとしては完成しています。

このマスター候補を社内の QA 担当部署や社外のプラットフォームホルダーに提出し、審査を受けます。審査に合格すればゴールデンマスターです。

問題が発見された場合はプロジェクトチームに差し戻されます。プロジェクトチームは指摘された内容を修正してマスター候補の作り直しと再提出を行います。

審査で合格承認されるまで作り直しは繰り返されます。

ゴールデンマスター

ゴールデンマスター（GM）は全ての確認が終わった完成版の成果物です。

社内の QA チームや社外のプラットフォームホルダーによる審査が完了し、完成を承認されたものであり、この GM をもってパッケージゲーム向けのディスク製造やネットでの配信が行われます。

ゴールデンマスター（GM）の定義

・全ての確認が終わって完成している。

実際に金色のディスクメディアが使われるわけではありませんが、ついに完成させた開発者にとっては黄金のイメージなのです。

このゴールデンマスター完成をマスターアップと呼びます。SNSなどで開発者や企業が「マスターアップしました」と告知しているのを見かけたことがあるかもしれません。

END日の設定

ここまでマイルストーンによる区切りについて解説してきました。ただし、マイルストーンを区切ったからといって、それで安心というわけではありません。

マイルストーンの締切日にいきなり遅延が発覚するのを防ぐため、段階的な締切日(END日)を設定することが重要です。

ただただ細かくしても意味がないので、次のような分け方を行うのが一般的です。

END日	定義
仕様END日	作る内容(仕様)を決め終わる日
実装END日	仕様に沿った実装が終わる日
調整END日	実装した内容を検証、調整し終わる日＝マイルストーンの締切日

具体的な例としては以下のようになります。

END日の例

END日	定義
仕様END日	レースゲームに出すキャラ種類を決める締切
実装END日	レースゲームにキャラをひととおり組み込む締切
調整END日	レースゲームのキャラについて見た目とバランス調整を完了して完成する日

仕様の見直し

マイルストーンは単なる完成の締切ではありません。目的やコンセプトに沿った開発が進んでいるのかを検証し、その後の仕様を見直すタイミングの区切りです。

ゲーム開発が最初に想定したとおりに進むことはめったにありません。あらかじめなにかしら修正があることを想定し、仕様の見直しも予定に入れておきましょう。

この見直し作業では各マイルストーンで仕様書に基づいて細かく分解された膨大な数のタスクを実装しながら検証していくことになります。ここでの問題は、ゲームの仕様は他の仕様にも広く影響するものが多いということです。例えばRPGにおける武器アイテムの仕様を変更してパラメーターを１つ追加すれば、戦闘の仕様、プレイヤーキャラの仕様、敵キャラの仕様、アイテム販売の仕様、アイテム入手の設定など、ゲーム全体に影響します。すぐに追加、変更すればよいというものではありません。ゲームではなくオフィスのような大量の機能を搭載した実用ツールの仕様であればそれぞれの機能の独立性が高いので、機能個別に実装してこまめに見直していくこともやりやすくなっています。

しかしゲームでは仕様の独立性が低いので、こまめに見直されると全体にも見直しがこまめに発生してタスク全体が混乱してしまうのです。

こうした問題を避けるために、見直しはマイルストーンのタイミングで大きくまとめて行うようにしましょう。個別に見直すのは独立したタスクにとどめるようにします。その後の仕様もまとめて決定することで、開発全体をスムーズに進めることができます。この見直しにはチーム全体を参加させることで、ただ言われたことをやるのではなく自発的に動くチームを作っていきましょう。

仕様見直しのサイクル：

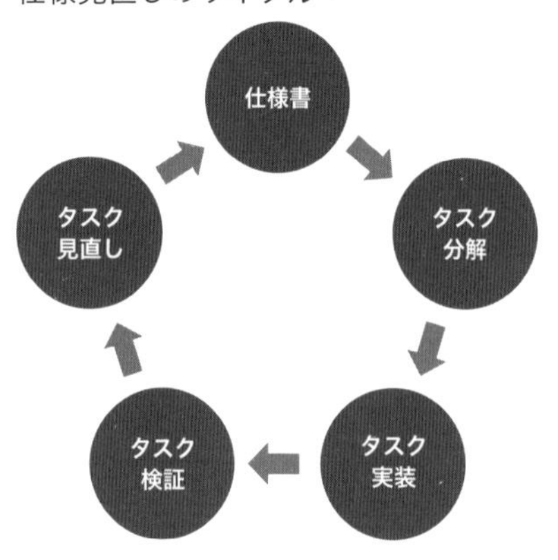

・仕様はゲーム全体に相互に影響する

・個別に見直すのではなく、マイルストーンのタイミングでまとめて見直し

・チーム全体で見直すことで自発的に動く体制を作る

マイルストーンの分割

仕様の変更をする必要があり、マイルストーンの区切りでまとめて変更と言われても遠すぎて待っていられないということもあるのではないでしょうか。

そんなときもマイルストーンの途中で個別に変更をかけていくことは避けて、P.132で説明したようにマイルストーンの区切り自体を見直します。

あらかじめ見直したくなりそうな区切りを想定し、そこでマイルストーンを分割しておくのが効率的です。区切りは作業内容が大きく切り替わるところに置きましょう。

マイルストーン分割の例：

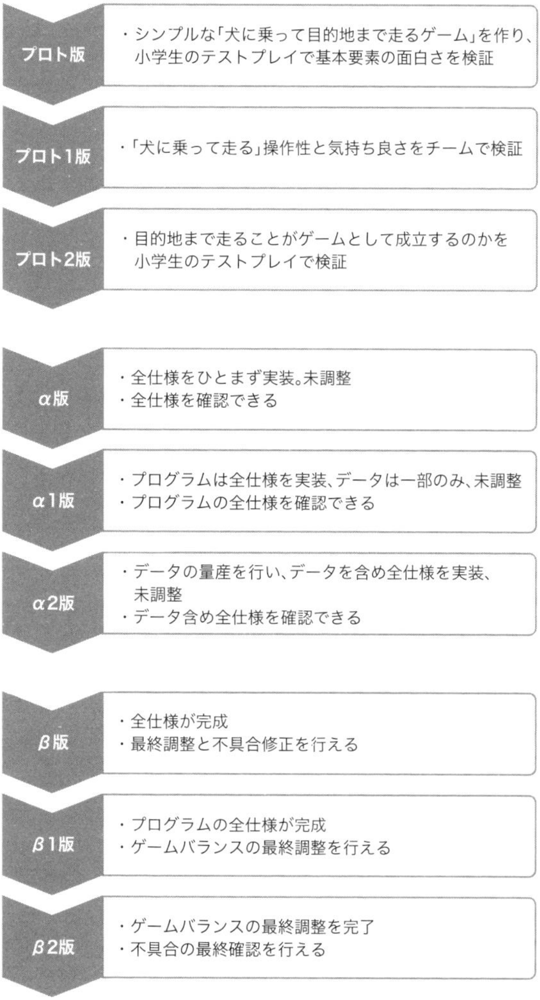

プロト版	・シンプルな「犬に乗って目的地まで走るゲーム」を作り、小学生のテストプレイで基本要素の面白さを検証
プロト1版	・「犬に乗って走る」操作性と気持ち良さをチームで検証
プロト2版	・目的地まで走ることがゲームとして成立するのかを小学生のテストプレイで検証
α版	・全仕様をひとまず実装。未調整 ・全仕様を確認できる
α1版	・プログラムは全仕様を実装、データは一部のみ、未調整 ・プログラムの全仕様を確認できる
α2版	・データの量産を行い、データを含め全仕様を実装、未調整 ・データ含め全仕様を確認できる
β版	・全仕様が完成 ・最終調整と不具合修正を行える
β1版	・プログラムの全仕様が完成 ・ゲームバランスの最終調整を行える
β2版	・ゲームバランスの最終調整を完了 ・不具合の最終確認を行える

Ⅷ

開発が大幅に遅れてくると、逆にマイルストーンをまとめてしまいたくなることもあるでしょう。しかしそこで予定していた検証をスキップしてしまうと後で重大な問題を引き起こしたり、コンセプトから外れたりした結果に終わってしまいます。検証はさぼらないように気を付けましょう。

マスターアップ後の更新

昔はゴールデンマスターを完成させれば更新もおしまいでしたが、オンラインでの製品更新が普及したことによって、マスターアップ後も更新することが当たり前になりました。このケースではパッチ＋アップデートを活用します。

パッチでの緊急更新

パッチとは、ゲームのプログラムやデータに部分的な追加や修正を行うための後付けプログラムです。プログラム全体を更新するのではなく部分的な更新を行うためにサイズが小さく、緊急での更新に適しています。

パッチは製品をマスターアップさせてリリースした後になってから、不具合の修正、ゲームの変更や追加などを緊急で行う際に作成するのが一般的です。完成したパッチはオンラインで配信されます。例えばゴールデンマスターが承認されてディスクを製造中なのに不具合が発見されてしまった場合、修正パッチを急ぎ作成して、発売日にはオンライン配信します。このようにリリース初日に配信されるパッチのことを一般にDay-1 パッチと呼びます。

こうしたパッチの作成時には、マイルストーンを使うことはありません。段階を踏まずに本番用を開発し、チェックし、配信します。チェックに関しては基本的に通常の開発と同様ですが、非常に緊急性が高い場合は関係者合意の上で簡易的なチェックに留めることもあります。

アップデートでの定期更新

パッチのような緊急対応ではなく、予定を立てて計画的に定期更新を行っていく場合は、開発の段取りとしては初期開発とあまり変わりありません。

開発サイクルは比較的短くなりますが、マイルストーンを立てて開発を進めていきます。ただし、仕様を大きく追加するのでなければ、プロト版やα版は作らないのが一般的でしょう。

オンラインゲームでの定期更新マイルストーン例：

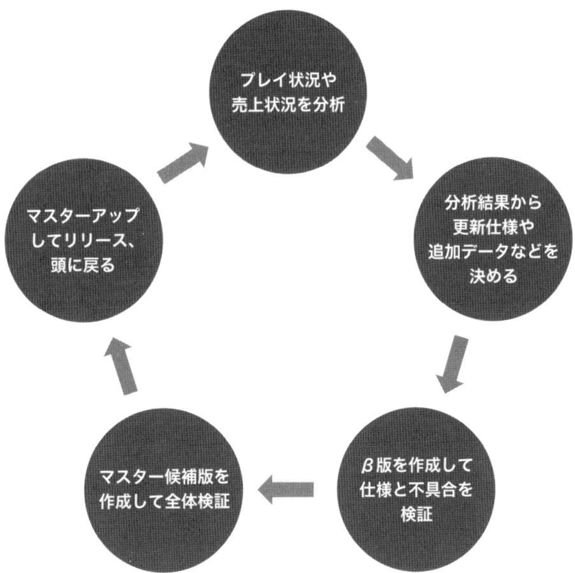

まとめ

ゲーム開発はマイルストーンに沿って進めます。マイルストーンでは段階的にゲーム内容の仮説を立てて仕様の検証を行っていき、仕様が完成したβ版以降では不具合の確認と修正を行います。

マイルストーンは方針を見直すタイミングでもあります。日々見直し続けるとプロジェクトが混乱するので、マイルストーンのタイミングでまとめて見直します。いきなりの遅延発覚を防ぐため、マイルストーンの締切日は段階的に設定、確認しましょう。

また、近年のゲームではオンライン対応によってパッチでの緊急更新やアップデートでの定期更新も頻繁に行われるようになっています。パッチでの緊急更新は一刻を争うためにマイルストーンを使わず本番用を開発、配信します。一方、アップデートでの定期更新では短いステップのマイルストーンを使って繰り返しリリースを行います。

考えてみよう

あなたがプレイしているゲームの各マイルストーン目標を考察し、プロト版、α版、β版の目標を具体的にリストアップしてみましょう。

参考書籍

フレデリック・P・ブルックス Jr.
『人月の神話』
丸善出版　2014 年

プロジェクトで発生した問題点を詳細に分析し、ソフトウェア開発にまつわる困難と展望について語るエッセイと論文集。「遅れているソフトウェアプロジェクトへの要員追加は、さらにプロジェクトを遅らせるだけだ」というブルックスの法則が示すように、プロジェクトは機械的な作業ではなく人間に注目せねばならないということを学べます。

オンラインの弊害？

インターネット時代よりも前のゲームではネットワークからのパッチ配信ができませんでした。

それが今ではパッチ配信によってゲームを後から修正できるようになっています。このせいでゲーム会社は未完成のゲームを安易に発売するようになってしまったとの非難があります。この非難は妥当でしょうか？

実を言えば、ゲームが完璧にバグを修正してからリリースされることは滅多にありません。比較的軽微なバグは残されがちです。中にはリリースまでにバグを発見できず、重大なバグを残したままリリースされることすらあります。

インターネット時代より前の場合も、これは特に変わりがありませんでした。そしてリリース後に修正する手段は乏しく、SNS がないので問題が広まりにくいこともあり、バグはそのまま放置されてしまうことが多かったようです。会社によっては、電話サポートに対して強くクレームを入れてきたユーザーに対してのみメディア交換といった対応が取られていたという話もあります。インターネット時代よりも前のゲームはバグがなかったのではなく、「バグが修正されず、その事実があまり広まらなかった」というのが真実です。

バグが修正されないのとされるのと、どちらが良い時代でしょうか？　確かに後からパッチ配信でバグ修正すればいいとの気のゆるみがないとは言えないのでそこはもっとしっかりしてほしいところですが……

第4部

リリース・運営

IX

リリースまでの進め方

検証作業

ゲーム開発プロジェクトを進めていくと成果物が完成します。これをリリースと呼びます。

リリースにあたっては、この成果物が目的やコンセプトを達成しているのか、マイルストーンで立てた仮説は成立しているのかを確認する検証作業を行います。成果物の目的や段階によって、以下をはじめ様々な検証方法が用いられます。

- 受容性調査
- フォーカスグループインタビュー(FGI)
- 組織内プレイアンケート
- QA チームによる不具合確認
- プロジェクトチーム自身によるチェック
- βテスト

検証によっていわゆるバグが発見された場合、デバッグ作業が行われます。仕様上の問題の場合は仕様を見直して成果物を修正することになります。

成果物の検証方法

本章ではこの検証から問題対応への流れについて解説します。検証方法ごとに、そのやり方と成果物で確認したい内容を見ていきましょう。

受容性調査

受容性調査では、多数の一般人を呼んでゲームのイメージに対する反応をアンケート評価します。評価者とは機密保持契約を結ぶので、ゲームの秘密が漏れることはありません。ゲームのイメージが広く一般に受け入れられるかを確認することができる方法ですが、反面細かな意見を聞くのには適していません。

これらの手配をプロジェクトチームで行うのは難しいため、専門の業者に依頼して実施します。企画の初期段階に、対象層やその周辺層に対してゲームイメージの方向性を確認するため行われることが多いようです。

以下に調査の例を示します。そこまで細かいものではない、大まかなイメージを掴むためのものであることが伝わるかと思います。

受容性調査の例：キャラクタービジュアルのイメージ
① 下の中で一番好きなキャラを教えてください
② 下の中で一番嫌いなキャラを教えてください

受容性調査の例：ゲームジャンルのイメージ
① 下の中で一番好きなジャンルを教えてください
② 下の中で一番嫌いなジャンルを教えてください

A　恋愛

フォーカスグループインタビュー（FGI）

FGI では対象層を集めてグループで討議させ、インタビューも行います。ゲームの感想を対象層に深くインタビューして、現在の仮説に間違いはないのかを細かく確認し、意見を仕様にフィードバックしたい際に用います。

この方法には、深く理解しているプレイヤーから細かく意見を確認できるという特徴があります。ゲームをプレイさせたうえで詳細に確認できるα版以降に行われることが主です。格闘ゲームであれば、上級プレイヤーたちを集めて実際にプレイさせ、細かく意見を集めた結果をゲームバランスの調整に反映します。

組織内プレイアンケート

会社内やチーム内などの組織内でプレイヤーを募ってアンケート調査する方法です。成果物の評価について、手近な人を使って手軽に素早く調査したい際に用います。ただし、同じ組織内で行うために評価が甘くなりやすく、対象層とは異なる層への調査になりがちという難点もあります。このため調査結果の信頼性は低くなります。

組織内に限らず、アンケートでは精度の高い回答を得るために質問方法には注意する必要があります。回答者は考えずに無難な回答を選びがちなので、本音を引き出す聞き方にせねばなりません。またアンケートで知るべきことは回答者の曖昧な感覚ではなく具体的な行動です。行動につながる質問をしましょう。アンケートは将来の行動を予測するために行うものだからです。以下に例を示します。

×：回答の選択肢が奇数
　→選択肢が奇数だと、あまり考えずに真ん中の「普通」を選びがちで回答の精度が落ちる
○：回答の選択肢が偶数
　→よく考えた回答を聞くことができる

×：「面白いかどうか」を聞く
　→面白さは個人の感覚なので、聞いてもデータを使いにくい
○：「また遊びたいかどうか」を聞く
　→プレイヤーの行動が読めるので役立つ

△：「好きかどうか」を聞く
　→嫌われていないかどうかは分かるが、行動を促すほどなのかどうかは分からない

では、実際にアンケートを体験してみましょう。

組織内プレイアンケートの例：

- まずパックマン[1]をプレイしてみましょう。スマートフォンやPCのブラウザを使って「パックマン」で検索すれば公式なバージョンである「パックマン Doodle」をプレイできます。

例：https://www.google.com/logos/2010/pacman10-i.html

プレイが終わったら次のプレイアンケートに答えてみましょう。

① 面白かったですか？

A) とても面白かった　B) 面白かった　C) あまり面白くなかった　D) 面白くなかった

② グラフィックは好きですか？

A) とても好き　B) 好き　C) あまり好きではない　D) 嫌い

③ サウンドは好きですか？

A) とても好き　B) 好き　C) あまり好きではない　D) 嫌い

④ また遊びたいですか？

A) とても遊びたい　B) また遊んでもいい　C) あまり遊びたくない　D) もう遊びたくない

これらの回答を振り返ってみましょう。仮にゲームがとても面白くてグラフィックがとても好きでサウンドもとても好きという回答だったとしても、もう遊びたくないという回答だったとしたらゲーム開発としては致命的です。つまり④の質問以外はゲーム開発の役に立っていないのです。

ではどう質問すればいいのでしょうか。単に好き嫌いを聞くのではなく、また遊びたい理由やもう遊びたくない理由がグラフィックなのかサウンドなのか、面白さなのか、それとも別の理由にあるのか、行動を深掘りしていくことが重要です。

プロジェクトチーム自身によるチェック

プロジェクトチームのメンバーが自らテストプレイして仕様どおりの実装になっているのかを確認することも多くあります。仕様書どおりの実装内容かどうかを確認するのに最も適しているのは仕様書の作成者であるプランナーなので、プランナーが積極的に取り組むべき業務です。またプランナーがテストプレイしてゲームバランスのチェックや調整を行うこともあります。

そのため、VRゲームのような疲労が激しいゲームを担当すると大変ですし、数十人

1：PAC-MAN™ & ©1980 BANDAI NAMCO Entertainment Inc.

が対戦するようなゲームもテストのたびに数十人を集めるのに苦労します。

チーム内のテストプレイは必要ですが、自分たちだけで行うには限界がある作業だと言えます。

βテスト

β版を使って多数の一般プレイヤーにテストプレイしてもらうのがβテストです。無条件公開するオープンβテストと、限定招待したプレイヤーにのみプレイしてもらう、いわゆるクローズドβテストがあります。

βテストは本番に近い環境での大規模な動作確認のために行われます。本番に近い環境でテストプレイできるため、より正確なテストを行えるのが利点です。ただし、不具合が多い状態でβテストを行うとゲームの悪評が広まってしまう危険もあります。

また、βテストといえども本番よりは小規模なテストになりがちで不具合を見過ごすことがあります。できるだけ本番に近い環境で実施できるようにせねばなりません。

自動テスト

自動テストはテスト用プログラムを使って自動的にテストを行う手法です。近年ではAIによる高度な自動テストも行われ始めています。テストにかかる人の手間や時間を大幅に削減したり、人間では難しい膨大な確認を行わせたりと、自動で行えるからこその利点も多い手法です。

ただし、自動テスト自体に不具合があって不具合を見過ごしてしまったという実例もありますので過信は禁物です。

自動テストの例：

- あらゆる場所に細かく衝突して回るAI制御のキャラを作って、通り抜けてしまう地形がないか自動確認する
- ランダムに移動しては戦闘を繰り返すAIにRPGをプレイさせて、レベルの上昇速度が想定通りなのか、ゲームが異常停止しないかなどを確認する

QAチームによる検証

テスト専門のQAチーム(Quality Assurance＝品質保証)が組織的にテストプレイして、想定外の不具合(いわゆるバグ)を発見します。テストのプロによって徹底したチェックを行うことができるので、主要なテスト方法として使われています。主にβ版以降の不具合解決とゴールデンマスター作成を目的としており、QAチームは基本的にβ版以降でテストを開始します。

検証作業においては、仕様書に基づく仕様チェックシートや、組織内の作成基準、プラットフォームホルダー(P.32参照)が指定してくる作成基準を用いてテストプレイを

行います。プロジェクトチームが仕様チェックシートを用意しない場合、QA チームは仕様が分からないままにテストプレイすることになるので検証の精度は落ちてしまいます。仕様書作成時点から仕様チェックシートの作成も考慮しておくことが重要です。

QA チームは社内に置かれている場合や専門の外注会社に頼む場合などがあります。

作成基準の標準的な項目例：

- 著作権の表記が会社の規定通りか
- 映像が光過敏性発作を引き起こさないか
- 禁止用語が使われていないか

仕様チェックシートの項目例：

- アイテムリストの入手条件どおりにアイテムを入手できるか
- 着せ替えアイテムをどのように組み合わせても、アイテム同士が重なったり突き抜けたりせずに表示されるか
- スキルリストどおりに、設定したスキルの効果が発動するか

問題への対応

検証で発覚する問題には以下のように様々な種類があり、場合によって致命的な問題が発覚することがあります。

問題	対応
プログラムのバグ	・プログラマが修正
仕様のバグ	・プランナーが仕様書を修正してから、プログラマがプログラムを修正
作成基準違反	・プランナーが仕様書を修正してから、プログラマがプログラムを修正
処理が重すぎる	・仕様を変更して処理を削減するか、デザインデータやプログラムの無駄を省いて高速化
ゲームバランスが悪い	・プランナーが確認してバランスを再調整
品質の評価が低い	・全体的な見直しを検討

問題によってとるべき対応は異なります。

仕様どおり実装しているのにプロジェクトの目的やコンセプトを達成できていない場合、仕様の見直しを行います。仕様の見直しが全体に影響する場合はマイルストーンでまとめて見直します。

コンセプトどおりできているのにプロジェクトの目的を達成できていない場合、コンセプトそのものを見直す必要があります。ただしコンセプトは開発の指針なので、細かく変更すると開発が大混乱してしまいます。またコンセプトはマイルストーンと直結しており、変更の影響は多岐に及びます。このためマイルストーンの区切りでマイルストーン自体から見直します。

プロジェクトの目的どおりなのに評価が低く、求められる製品クオリティを満たすことができそうにない場合、プロジェクトの根幹となる目的が失敗していたことになりますので、プロジェクト全体の見直しを行い、最悪の場合は中止となります。

開発を長く進めてからこうした事態が発覚することがないように、目的やコンセプトの根幹となる要素は最初のプロト版マイルストーンでしっかり検証しましょう。

デバッグ作業

確認されたバグに対しては「バグ修正作業のタスク」が発生します。このバグ修正作業をデバッグと言います。ゲームのテストプレイ自体はデバッグではありませんので注意してください。

プログラマーがデバッグする際に最重要な情報は「バグを発生させる方法」です。プログラマーの環境でバグを再現できれば、原因を特定して速やかにプログラムを修正できます。よってバグ報告ではバグの確実な発生方法と発生頻度の情報が求められます。なお、このとき発生頻度を % で管理すると、1 回だけ試して「発生率 100%」と書かれてしまうことがよくあるので回数で管理すべきでしょう。

また通常のタスクとデバッグのタスクのいずれを優先するべきかという問題があります。タスクを完了させないとスケジュールが遅れそうなのでついタスクを優先したくなってしまいますが、バグがあるとプログラムが正常動作しないのでタスク完了を確認しづらくなります。ひとつのバグのために様々なタスクの実装や検証に悪影響が出てしまうこともあります。

このため、全体の作業を進めていくためには急がば回れでデバッグを優先すべきです。

デバッグの管理

デバッグは通常のタスクとは要素が異なるので、「バグ修正作業のタスク」としてまとめて管理されます。デバッグのタスクには以下のような特徴があります。

- タスクの目的は言うまでもなく修正すること
- 突発的な作業なので期間未定
- やってみないと工数不明
- 優先度（バグの程度）はゲーム進行における支障の大きさによって分類される

バグ報告の要素説明

要素	内容
実行者	バグの修正担当者
確認者	バグが本当に修正できたのかの確認者
バグの発生方法	どのような段取りを行うとバグを発生するか
バグの発生頻度	上記の発生方法によって、何回中何回発生するか
バグの内容	どのようなバグか
正しい動作内容	本来はどのように動作するのが正しいのか
バグの程度	S　プログラムの動作が停止する致命的バグ A　ゲームの進行に致命的な支障を及ぼす B　ゲームの進行に障害となる C　ゲームの進行に問題はないができれば修正したほうがよい

バグ報告の例

要素	内容
実行者	プログラマーA
確認者	プランナーB
バグの発生方法	必殺技ゲージが0の状態で必殺技の操作を行う
バグの発生頻度	五回中三回
バグの内容	必殺技を出した後にプログラムが停止する
正しい動作内容	プログラムが停止しない 必殺技が出ない
バグの程度	S　プログラムの動作が停止する致命的バグ

タスク遅延の発生と対応

検証によって仕様の見直しやデバッグで作業が増えた結果、タスクの遅延が発生することがあります。努力によって遅延を取り戻すことはまずありえません。遅れの原因を確認して根本的に対応する必要があります。

危険な方法

対応として、人を増やせばスピードが上がるだろうと考えてチームを増員するのは危険な方法です。遅延を解決するために作業員を1人ずつ増やしていくと、新しい作業員が慣れるまでに古い作業員の時間をとってしまいます。かえって時間をロスしてむしろ遅延が拡大する危険があります。作業員を増やすのであれば、逐次投入せずに十分な増員をまとめて行いましょう。

▶タスク組み換え

タスクの組み換えは有効な方法です。タスクの優先度を見直して、優先度が低いタスクを削除したり後回しにしたりします（例えばオマケ的なストーリーをバージョンアップ後の追加要素に回します）。

タスクは固定スケジュール表ではなく、優先度を考えて組み替えていくためのものです。タスクの管理は柔軟に行いましょう。

▶仕様を見直す

より短い作業で目的達成できるよう仕様設計を考え直すのも有効です。例えば個別に設定していた敵キャラの強さを自動設定されるようにすることで設定の手間を削減することができます。

▶作業を見直す

作業の細かな無駄をリストアップして、削減していくのも大事です。例えば違うプログラマーが同じような機能を別々に作っていたのでまとめる、ある個人にタスクが集中するタイミングがあれば分散する、などといったことです。

作業を遅らせている原因（ボトルネック）を調べて、その原因に対処することは、塵も積もれば山となるということで、長期的に大きな効果となります。例えば 3D ツールでの複雑な作業に時間がかかっていたのを専用ツールを作って自動処理したり、ハードウェアをバージョンアップしてプログラマーの待ち時間を削減したりといった手があります。1 人につき毎日 10 分の短縮でも、チーム 50 人であれば毎日 500 分、1 か月で 180 時間以上もの短縮になります。

このようにタスクや作業方法を見直して、それでもどうしても解決できないことが確定してから延期の判断をしましょう。延期はコストや売上計画への影響が大きいため、重大な判断となります。慎重に検討すべき事項です。

マスターアップとリリース

開発の全作業を終えたプロジェクトチームはマスター候補を作成します。

このマスター候補が社内外で検証を受けて、問題が無ければマスター完成、すなわちマスターアップとなります。検証以降の流れは以下のとおりです。

①社内検証

社内の組織が、マスター候補をマスターとして承認できるかどうかの判定を行います。一般的には、品質保証を担当する専門部署が判定を担当します。

- 重大な不具合が残っていないかを確認。
- 品質は問題ないかを確認。
- 社内独自のルールを守っているかを確認。

②審査機関提出

家庭用ゲーム機向けの製品ではレーティング（対象年齢層決め）のための審査を受けねばなりません。専門の審査機関にマスター候補を提出してレーティングを決めてもらうことになります。

- 審査内容には暴力表現・性表現・政治表現など国によって様々な基準がある。
- 日本では CERO、アメリカ・カナダでは ESRB、ヨーロッパでは PEGI が審査を行う。
- CERO は 5 段階でレーティングを行う（P.32 参照）。アメリカと比較して暴力表現に厳しく，性表現に緩いのが特徴。
- デジタル配信ゲーム・アプリについては国際的レーティング組織である IARC によって簡便な審査を受けることができる。

③プラットフォームホルダー審査

マスター候補をプラットフォームホルダーに提出し、審査を受けます。

- iPhone であれば Apple、Android であれば Google、PlayStation 5 であれば Sony、Nintendo Switch であれば任天堂がプラットフォームホルダー。
- ここでいうプラットフォームホルダーは、ゲームを動作させるための各プラットフォームを製造販売している企業のこと。プラットフォーマーとも呼ぶ。
- プラットフォームホルダーは各社が定めている作成基準に基づいて提出されたマスターの審査を行い，作成基準に違反していた場合は出し直させる。
- プラットフォームホルダーの審査に合格すれば遂にマスターアップとなり、リリース OK。

④マスターリリース

開発を全て完了すれば、いよいよマスターのリリースとなります。

- リリース後にも不具合などの問題が発生するので，不具合対応の作業は続く。
- オンラインゲームのように運営サービスを行うタイトルでは，ここから運営プロジェクトが始まっていく。

ゲームのボリュームにもよりますが、不具合などの問題確認には 1 か月以上を要するのが一般的です。その後に対応作業が発生しますので、マスターリリースの作業を本当に終わるにはリリースから数か月を見込まねばなりません。運営を行わないタイトルの場合でも、その期間はチームの対応能力を維持しておく必要があります。

なお、リリースから数年後に不具合が発覚して途方に暮れることもあります。そんなときでも対応できるように、開発環境は長期的に維持しておきましょう。

まとめ

成果物のリリースにあたっては、目的と段階に応じて、様々な検証方法が用いられます。正しい検証方法を用いないと得られたデータが役立たなかったり不具合を発見できなかったりするので注意せねばなりません。目的に合った検証方法を選びましょう。

検証の結果に応じて不具合の修正（デバッグ）や仕様の変更が行われます。修正によって遅延が発生しそうな場合、タスクの組み換えや作業見直しによって遅延を抑えます。スケジュール延期は最後の手段です。

リリースにあたっては社内外の審査を受ける必要があります。審査に落ちる度にマスター候補を作り直しになりますので、発売日に間に合うよう審査のための期間は十分に確保しておかねばなりません。

考えてみよう

架空の新作 RPG について検証を行うものとします。以下の場合、どのような検証方法が適切なのか考えてみましょう。

- バトルシステムのやり込み要素について、本当にやり込みがいがあるのかを、熱心なプレイヤーたちに確認したい
- β版の全ゲーム内容を組織的に動作確認して、不具合があれば修正したい
- ユーザーインターフェース（操作方法や情報表示）にわかりにくい点がないか、今までプレイしたことがない人に質問したい。できるだけ急ぎで確認する必要がある
- 仕様書のとおりに実装されているかを確認したい
- できるだけ本番と同じ環境で大量にプレイヤーを使って動作確認したい
- 主人公キャラとヒロインキャラについて、対象層の高校生男子に人気となるかを知りたい

参考書籍

スコット・バークン
『アート・オブ・プロジェクトマネジメント ―マイクロソフトで培われた実践手法』
オライリー・ジャパン　2006 年

マイクロソフトで多くの巨大プロジェクトを担当してきた筆者が、スケジュール、ビジョン、要求定義、仕様書、意思決定、コミュニケーション、トラブル対策、リーダーシップ、政治力学といったさまざまな角度からプロジェクトマネジメントを考察しています。

トラブル対策については、問題への対応方針から責任の取り方、役割、交渉、感情面に至るまでリーダーの為すべきことが考えられており、問題対応時の良い指針となるでしょう。

不具合から出たテクニック

昔、キャンセル技は無しというコンセプトで開発されたゲームがありました。

キャンセル技とは、特定の動作を行っている最中に別の操作入力を行うことで、前の動作を途中でキャンセルしてすばやく次の動作に移ることができるというテクニックです。

キャンセル技は便利なテクニックではあるのですが入力が難しいため、ゲームの難易度が上がることを懸念して、そのゲームではキャンセル技を無しとしたのでした。

ところがこのゲームがプレイされるようになると、プレイヤーたちは仕様の穴をついて次々にキャンセル技を編み出したのです。開発者にとっては想定外の不具合でした。

キャンセル技にはゲームプレイを致命的に破壊するようなものもあれば、少し有利にプレイできるものもありました。

開発者たちは考えた末に、当初のコンセプトには反するものの、後者のキャンセル技はゲームプレイを膨らませてくれるとして残すことにしました。

結果としてプレイヤーたちは様々なキャンセル技の発明を楽しみ、多彩なテクニックを駆使してプレイするようになり、ゲームを盛り上げていきました。

このように想定外の不具合から仕様が生まれることもあるのです。

第4部

リリース・運営

ゲーム運営 プロジェクト管理

開発後もプロジェクトが続くケース

ゲーム開発プロジェクトはゲームを完成させてリリースすれば終了します。終了したプロジェクトのメンバーは解散して次のプロジェクトに移っていきます。数年間をかけて開発したパッケージゲームでも、その多くは発売日から 1 か月程度しか店頭で動かず、すぐに次の新作へと市場は移り変わっていきます。

しかしゲームによっては開発終了と共にゲームを運営するプロジェクト（ゲーム運営プロジェクト）が開始されます。

ゲーム運営プロジェクトでは長期的なユーザー確保と継続的な収益が求められます。本章ではそのためにどのようなことが行われているのかを解説します。

なお、ゲーム開発ではゲームプレイする人のことを「プレイヤー」と呼びますが、ゲーム運営では「ユーザー」と呼ぶのが一般的ですので、この章では用語として「ユーザー」を用います。ゲームの運営に使われる用語が基本的に WEB 業界から来ているので、「プレイヤー」ではなく「ユーザー」が使われているものと思われます。

ゲーム運営の管理とは

オンラインゲームの多くでは、製品版のリリースが終わると続けて運営が開始されます。

運営型のオンラインゲームでは、ネットワークを使ってゲーム要素の追加や改良を重ねていくことで多くのユーザーを確保します。そしてアイテム課金や月額課金などでユーザーから収益を上げ続けます。これにより、パッケージゲームの販売よりも大きな売上や利益を長く得ていくことが期待できます。そのため、ゲーム運営プロジェクトでは、数値的な目標を掲げてそれを達成していくことが目的となります。運営では目標達成のために以下のようなタスクが行われます。

- バージョンアップによる改良やコンテンツの追加
- 集客と売上アップを目的としたイベントの実施
- 集客と売上アップを目的としたキャンペーンの実施
- 状況の分析と対策

それぞれの内容を見ていきましょう。

バージョンアップの配信

運営プロジェクトでは、ゲームのバージョンアップによる改良やコンテンツの追加が日々行われていきます。

例：
- メインストーリーのシナリオを追加
- メインストーリーで活躍するキャラクターやアイテムなど物量の追加
- キャラクター個別のサブシナリオを追加
- イベント処理用のプログラムを追加
- ユーザーキャラ同士の対戦モードを追加
- パラメーター類を変更してゲームバランスを調整

ガチャでキャラクターを販売するタイプの運営では、売り物であるキャラクターの追加と販売が最も重要なタスクとなります。

エンドコンテンツ

エンドコンテンツとは上級者向けのやり込み要素です。運営プロジェクトでは物量を日々追加していきますが、熱心なユーザーはすぐに集め終わってしまいますので飽きる危険性があります。

そうした上客がゲームから離脱する事態を防ぐために、物量追加とは関係なしに果てしなくプレイが続けられる要素を追加します。これがエンドコンテンツです。

例：
- ユーザーキャラ同士で対戦するモードを追加
- 最強キャラを集めたユーザー同士で戦ってもらう
  →キャラの強さは互角なので、戦術を工夫できるようにデザインして競い合わせる

イベント

運営では集客やアイテム売上アップが目的のイベントを行います。イベントでは、そのとき限定の特別な遊びやストーリーが体験できます。

例：
- 別作品のキャラと共闘する特別なコラボストーリーを期間限定で配信
- 期間限定のストーリーやアイテムを配布

近年多用されるようになったコラボイベントでは、他社や自社の IP を使用して、広い注目や他作品ファンの流入、人気キャラのガチャ販売による収益を狙います。このとき、他社コラボの場合は契約に基づいた IP 使用料を権利者に支払います。

ガチャ方式の運営では、コラボの特別なキャラをイベント限定販売にすることで購入意欲を刺激する手段がよく使われます。その際、期間限定イベントを実施して、それをクリアすることで特別なアイテムが得られるようにします。しかし、イベントで特別な効果を発揮するように設定してあるコラボキャラ（いわゆる特効キャラ）がいなければクリアは難しくなるよう調整しておきます。ユーザーはアイテムが欲しければ、期間限定ガチャでコラボキャラを当てねばなりません。

こうすることでコラボイベントによる大きな収益が期待できます。ただし、調整を間違えたりイベント中にトラブルや重大なバグが発生したりしてしまうとユーザーからの反感を買う恐れもあります。

キャンペーン企画

アイテム販売型の運営では、集客と売上アップが目的とした販売キャンペーンを開催します。販売キャンペーンではそのとき限定のセールが開催されます。

例：

- 初心者歓迎キャンペーン期間内にゲームを新規開始するとガチャが一定回数無料サービス
- ガチャキャンペーン期間内はガチャが半額

新規ユーザーを増やすための新規ユーザー限定の格安キャンペーンや、プレイにお金を使おうとしない「無課金層」に有償ガチャを体験させて「課金層」に転換するためのガチャ割引キャンペーンなどがよく行われます。

運営のサイクル

運営プロジェクトは終わりなく収益を上げ続けることが目標です。しかしプロジェクトである以上は始まりと終わりが存在します。

運営プロジェクトでは、3か月程度の期間を1つのサイクルとしてプロジェクトを区切り、期間の成績を評価したうえで、上位組織から継続性を判断されます。期間の成績が基準以上で今後も続けられると判断されれば次のサイクルの予算を得ることができ、また次の運営プロジェクトを開始します。続けられないと判断されれば、サービス終了へと移行してサイクルも終わりとなります。

このような短期サイクルで回っていくプロジェクトの場合、長時間をかけた大型バージョンアップや長期的なイベント施策などはやりづらくなります。例えば1年間かける大型バージョンアップに予算を回そうとしても、1年後成果が出る前にサービス終了しまうかもしれません。それならばすぐにできるバージョンアップで目の前の売上を追求したほうが安全です。年間ランキングを競うようなイベントも、途中でサービス終了してしまっては目も当てられません。

このように運営プロジェクトは1サイクルで完結するような施策を選ぶ傾向があります。結果として長いメインストーリーを完結できずに途中でサービス終了してしまうことが多発しています。

なお、会社は1年間の年度で区切って重要な経営判断を行っていきますので、年度の終わりがサービス終了の決定がされやすいタイミングになります。

無課金者の価値？

基本無料型ゲームではユーザーが課金者と無課金者に分かれます。

ゲーム運営が欲しがっているのは課金者だけ、無課金者には価値はないとも言われますが、運営からすると実のところ無課金者もとても大事です。運営が特に気にしているのはAU (Active User)で、そこに課金者も無課金者も区別はないからです。

「無課金者だけ増えても売上が増えないのでは」と思われるかもしれませんが、基本的に、AUが増えればその中の一定割合が課金者になります。無課金者だけ増えるということはありません。

また無課金者とは課金者候補です。例えばお店に入ってきた人をまだ商品を買っていないからといって追い出すでしょうか？　そんなことをすればお客様はいなくなってしまいます。いずれお金を出してくれるかもしれない人は大事なお客様なのです。

ということで運営では課金に関わらずお客様を大事に考えますし、ユーザーとして楽しく継続してもらえるように心を砕いています。

バージョンアップのサイクル

運営プロジェクトではゲームのバージョンアップを繰り返していきます。

先に説明したように、運営プロジェクトでは期間が終わる前にバージョンアップの成果を出すことが求められます。そうして目標を達成していかないと、次の運営プロジェクトをやらせてもらえなくなるからです。このため、バージョンアップしていくサイクルは運営プロジェクトのサイクルと同じか、さらに短くなるのが常です。

そのため、問題として長時間かかる大型バージョンアップはなおのことやりづらくなります。この対策には、大型バージョンアップに必要な要素を分解し、小さな追加要素として活用しながらバージョンアップしていき、段階をかけて大型バージョンアップの仕様を実装するという方法があります。

例えば新たにユーザー同士が対戦する大型バージョンアップ仕様を実装するとして、最初にユーザーキャラとモンスターが試合をする小規模なイベントを実装し、次はそれにマッチング仕様などを足して段階的にユーザーキャラ同士が試合をする仕様を実現していきます。

他の問題として、バージョンアップではマスターの検証や申請といったマスター作成作業（いわゆるリリースワーク）に時間をとられることがあります。頻繁にバージョンアップしていると中身を作る時間を十分確保できず、ひたすらマスターを作成しているだけということにもなりかねません。

この対策としては、バージョンアップでの追加要素をできるだけまとめて作り貯めしておき、バージョンアップ時にはいきなり公開するのではなく、段階的に公開していくことでバージョンアップ頻度を下げる手があります。初期開発時にこの手を使っておくと後の運営が楽になります。どの要素をいつ公開するかというスケジュールは、運営状況に応じて柔軟に変更できるように、ゲームを運営するサーバーの管理画面から設定できるようにしておきます。

また、オンラインゲームではユーザーのゲームクリア速度に極端な差があり、数か月分を見込んでいたはずの物量が熱心なユーザーから数日でクリアされてしまうといったことはよくあります。だからといって、熱心なユーザーでも時間を大量に注ぎ込まないとクリアしきれないイベントを用意するのは手間もかかりますし、ライトなユーザーが挫折、離脱してしまい新規ユーザーが増えなくなることにもなりかねません。そうしたユーザーがやることやモチベーションを無くしてゲームから離脱してしまう事態を防ぐためにも、ゲームの追加要素はいきなり全て公開するのではなく、段階的に公開していくのが良いでしょう。

対戦ゲームなどでバランス調整を頻繁に行うが機能追加の頻度は低いという場合は、ゲーム本体はアップデートせずに、バランスに関わるパラメーターだけをサーバーから配信するという手もあります。

修正バージョンのリリース

新バージョンのリリース計画はうまくいく前提で組み立てがちですが、大きな要素を新公開すれば確実に不具合が発見され、その修正バージョンアップが必要となります。不具合が出てから修正計画を立て始めるようでは、不具合が出る度にその後の計画がずれていってしまいます。

こうした事態を避けるために、大型モードを追加するといった新規性の高いバージョンアップでは修正バージョンのリリースもあらかじめ計画に見込んでおきましょう。修正期間だけでなく、バグ情報の収集期間も踏まえて期間を設定する必要があります。

特に最初のバージョンをリリースする際には不具合の調査や修正、サーバーの初期トラブル対応、バランスの修正などに大きな工数を取られるものです。新要素追加は後回しになってしまいますので、それでも運営が進められるだけのボリュームを最初のバージョンには盛り込んでおかねばなりません。

ゲーム運営プロジェクトの分析

運営プロジェクトの状況を把握して次の手を打っていくために、様々な数字が分析されています。

オンラインゲームではサーバーを使って各種データを記録し、そのデータを使って運営状況を分析しています。また売上、費用、利益の金額はプロジェクトの収益状況を直接表しています。

ここからはそれぞれのデータの意味と要素を解説します。

運営費用

運営プロジェクトの費用は、運営プロジェクトを予定期間続けていくために必要な金額のことです。開発のために直接使う人件費以外にも様々な費用が必要となります。

費用の一例

開発費	運営のためにゲームのソフトウェア環境を改変・追加・メンテナンスしていくための人件費など
サーバー運用費	オンラインゲームを動かすにはサーバーが必要
広告宣伝費	広告の掲載や宣伝イベントなどで集客するための費用
営業費	営業部の費用や光熱費、家賃など、プロジェクトとは別に組織が使用する費用

運営の売上

ユーザーへの各種販売によって売上が計上されます。

- ガチャ／月額課金の売上
- アイテム直接販売の売上など

ユーザーの支払った金額(グロス売上)がそのまま売上になるのではなく、プラットフォームホルダーの取り分を差し引いた額(ネット売上)が会社の売上となります。

会社の売上(ネット売上)＝総売上(グロス売上)－プラットフォームホルダーの取り分(3割程度)

COLUMN

バランス調整と運営

様々なキャラを使用できるオンライン対戦ゲームでは、ゲームバランスが重要です。

ゲームバランスの理想は、全てのキャラが対等な対戦バランスになることでしょうか？　そう思われがちですが、意外とそうでもないようです。

ユーザーにとってのゲームバランスを見てみましょう。ゲームバランスについて、ユーザーからの主な意見は「自分のキャラが弱いので強くしてほしい」「自分が使っていないキャラは強すぎるので弱くしてほしい」です。強すぎるキャラを弱くすると、そのキャラを使っていたユーザーからは抗議が殺到します。いくらなんでも強すぎるバランスであったとしてもです。同じ強さにして欲しいとは望まれていません。

では運営から見てみるとどうでしょうか。極端に強い新キャラが定期的に出てくるゲームは多く見られます。運営の不手際によるものと見られがちですが、意図的な可能性が大でしょう。強い新キャラを売り、停滞していたバランスを壊して刺激を与え、また次の新キャラを登場させて今度はそのキャラを最強に調整するというサイクルを繰り返すのは運営の常套手段です。

この手段によって売上を稼ぎながらユーザーを飽きさせずに話題を作り続けることができます。強いキャラを使うユーザーは気持ちよく勝つことができ、弱いキャラを使うユーザーは挑戦を楽しみつつ負けた場合は運営のせいだとみなせます。

仮にどのキャラも対等の強さを持つ完璧なゲームバランスを実現した場合、ユーザーはその状況を突き詰め終わったらやることがなくなってしまいます。対等のバランスから無限に遊びが生じてくるような理想のゲームシステムがあればよいのですが、残念ながらそこまで行きついたゲームはほとんどこの世に存在しません。

対等なゲームバランスは正しいのですが、正しさが求められるとは限らないようです。

運営の利益

売上から費用を引いた残りが利益となります。

利益が上がらなくなればプロジェクトの費用を賄えなくなり、運営プロジェクトは終了判断されてしまいます。利益はプロジェクト継続を決める最も重要な数字です。

なお、利益が1円でも黒字であればそれでOKかといえばそんなことはありません。プロジェクトの利益が黒字であっても、会社組織には様々なコストが別途計上されるので会社トータルでは赤字になることがあります。このため、会社トータルで見てOKとされる利益の合格基準が会社によって定められています。この基準は会社によって異なりますが、基本的には投じた費用に対する利益の割合が一定基準を超えているかどうかで判断されます。

なお売上が落ちてしまって基準未満となったプロジェクトをどうしても生き残らせたい場合の手として、新規要素の開発をす全て止めてしまい、既存要素だけを使ったイベント開催といった最低限の運営だけにとどめることでコストを極小に抑え、利益の割合を基準以上に戻して継続させるという手段もあります。ただし黒字にできたとしても売上は低い水準にとどまりますので、終了させて他プロジェクトに人員を回すべきという経営判断をされてしまうのは覚悟せねばならないでしょう。

また、経営の観点から見れば、合格基準を利益の割合だけに置くのではなく、利益額についても明確な合格基準を設定すべきだといえます。極論として、開発費が100円で売上が1万円といったプロジェクトを存続させても売上が小さすぎて会社経営にとっては無意味だからです。

X

運営KPI

プロジェクトの状況を示す指標として、状況判断や予測に使われる数字をKPI (Key Performance Indicator =重要業績評価指標) と呼びます。

KPIは重要な目標の達成度合いを計測評価した数字であり、この数字の変化を見れば、運営にとって望ましい状況なのかどうかを判断できます。

この項では代表的なKPIを解説します。

KPI：登録者数

オンラインゲームを新たに開始してアカウントを登録した人数です。総登録者数や日々の新規登録者数をKPIとして分析します。

総登録者数が数千万人をうたうタイトルもありますが、大半の登録者がすぐにゲームをやめてしまうので実際のユーザー数とは大きな隔たりがあります。またサービス初期にはRMT[1] 業者が大挙してアカウントを登録することもあり、これも実際のユーザー

1：Real Money Tradeの略で、ゲームのキャラ、アイテム、アカウントなどの現金による売買を意味する (例：アカウントを新規登録してから良いキャラを手に入れ、そのアカウントを販売する)。ゲームの規約で禁止されていることが多い行為だが、取り締まりは簡単ではない。

数とは言えません。RMT 業者と一般ユーザーを識別するのは難しく、総登録者数は精度が低いデータです。

ある期間内での新規登録者数もプロジェクトの今後を評価するために重要な KPI です。総登録者と同様の問題があるため絶対数はあまり参考になりませんが、新規登録者数の増減を見ることで今後の伸びや新規登録者獲得施策の効果を判断することができます。

KPI：AU (Active User)

該当ゲームを実際にプレイしている人数を示す KPI です。

実際にプレイしているかどうかは基本的にゲームにログインしたかどうかで判断しますが、より精度の高いデータが欲しければメインとなるゲームモードをプレイしたかどうかといった条件でカウントすることもできます。

1 日単位で計測する場合の AU：DAU (Daily Active User)
月単位で計測する場合の AU：MAU (Monthly Active User)

リアルな客数を表すので商売の根本となる数字であり、非常に重要な KPI です。ゲームから離脱してしまう人は絶え間なく現れますし、そうした人数を 0 にすることはできません。そのため、運営では離脱者を少なくする施策を実施したうえで新規ユーザー獲得にも努めることになります。AU はそうした新陳代謝の結果です。今いるユーザーにだけ目を向けて新規ユーザーの獲得を怠ると、AU はいずれ減少していくことになります。

KPI：ARPU (Average Revenue Per User)

ユーザー全員が使用した金額の平均値を示す KPI です。

ARPU ＝ユーザー全員が使用した金額の合計 / ユーザーの総数
日単位で集計する場合の ARPU：
ある日のユーザー全員が使用した金額の合計 / その日のユーザーの総数

基本無料型ゲームの場合、お金を出す「課金者[2]」の割合は数 % 程度です。このため「無課金者[3]」を含んだユーザー全員の平均額である ARPU と、実際に課金者が使っている金額には大きな隔たりがあります。

このため、あまり参考にはなりにくい KPI です。

2：昨今、課金者という言葉は「システムが課した代金を支払う者」という意味で使われている。本来の意味では「支払いを課す者」であって支払う側ではないが、誤用が広まった結果、本来の意味は失われている。
3：基本無料型ゲームでお金を使わずにプレイする人のことを指す。

▶ KPI：ARPPU (Average Revenue Per Paid User)

ARPPU は課金者 1 人あたりの使用金額の平均値を示す KPI です。頭文字をとってアープとも呼ばれます。

月単位で計測する場合の ARPPU：
ある月の課金の総額 / その月の課金者の人数

課金者の支払い状況がよくわかる重要な KPI です。

ただし、この値は高ければ高いほどいいというものでもなく、できるだけ多くのユーザーが継続可能な程度の金額を想定して目安とします。一般には月に 1 万円弱程度を想定することが多いようです。

ARPPU が想定よりも高いと、熱心なユーザーばかりで一般ユーザー向きではなくなっている可能性があります。その原因としては、ゲームが難しすぎる、プレイに必要な課金額が高すぎて一般ユーザーにはついていけない、などが考えられます。この場合、新たな一般ユーザーを取り込むことができずにいずれ AU が減少していく可能性が大です。AU が減れば売上も減り、長期的には良くない結果を招きます。

また、売上の急上昇を狙って高い効果のアイテムを高額で限定販売する施策を行うと ARPPU は急上昇します。しかしこうした施策の効果は一時的に過ぎず、むしろトータルではマイナス効果になることがあります。熱心なユーザーにも財布の限界があり、その施策で大金を使えばその後は消費を抑えるようになるからです。消費の抑制はプレイの抑制にもつながり、燃え尽きたユーザーが離脱することにもなりかねません。

ARPPU の急な変動はリスクが大きいと言えるでしょう。

▶ KPI：チュートリアル突破率

新規ユーザーがどれだけチュートリアルを突破できたかの割合を示す KPI です。

日単位の場合のチュートリアル突破率 (%)：
ある日のチュートリアル突破者数 / その日の新規ユーザー数

チュートリアル突破率が低い場合、チュートリアルの作りに問題があって新規ユーザーを逃がしてしまっていることを意味します。

対策として、チュートリアルを短縮したり、内容を改善したりといった開発変更が行われます。チュートリアルのどこで離脱してしまうのかを細かく記録して、問題点を洗い出すこともあります。

▶ KPI：継続率

ゲームのプレイを継続する割合の KPI です。

チュートリアル突破後に3日間プレイを継続するKPI、新規ユーザーが5日間プレイを継続するKPI、既存ユーザーが14日プレイを継続するKPIなど、様々な期間で分析が行われます。

新規ユーザー5日間プレイの継続率：
ある日の新規ユーザーが5日後にプレイしている人数/ある日の新規ユーザー数(%)

ゲームのプレイしやすさやユーザーを惹きつける魅力に関わる重要なKPIです。例えば新規ユーザーの継続率が低い場合、ゲームの序盤に大きな問題があることが分かります。

継続率が低い場合、他のKPIと合わせて問題分析と対策が行われます。

▶ KPI：進行度合い

ユーザーがゲームをどの程度進めているかのKPIです。例えば全16章のRPGで何章まで進行できているのかを分析します。

他と比較して第3章で中断しているユーザーが多い場合、第3章になんらかの問題があることが分かります。よくある原因としてはキャラの成長速度に対して敵の強さが上がりすぎており、行き詰まっているといった可能性が考えられます。この場合は敵の強さを下げる、強いキャラやアイテムを配布する、攻略法を案内するといった対策が考えられます。

▶ KPI：無償ゲーム内通貨の残額

無償で配布したゲーム内通貨が、ユーザー全体としてどれだけ使われずに残っているかのKPIです。

この残額が大きい場合、無償ゲーム内通貨を配りすぎていることが分かります。もし有償ゲーム内通貨を売ろうとしても売れませんし、ガチャなどの販売施策を行っても先に無償ゲーム内通貨が使われるので売上にはつながりにくいことになります。運営は新規ユーザー獲得や無課金者のプレイ継続のために無償ゲーム内通貨を配布しますが、この無償サービスをやりすぎという状況です。

対策としては、無償ゲーム内通貨の配布を絞ったり、お得な販売イベントを実施したりして通貨の消費を図ります。

▶ KPI：有償ゲーム内通貨の残額

有償ゲーム内通貨の残額を示すKPIです。

この残額が大きい場合、ユーザーが買いたいものを運営が用意できていないことが分かります。有償ゲーム内通貨を売ろうとしても売れない状況です。

対策として、例えば特別な人気キャラを必要とするイベントを開催し、そのキャラのガチャを実施して通貨の消費を図ります。

ゲーム運営プロジェクトと広告

運営プロジェクトでは集客の重要な手段として継続的に広告宣伝が行われます。施策の内容はゲームの対象層に応じて様々です。オンラインゲームの場合は、ゲームに直接誘導できるネット広告が主となっています。

ネット広告は規模に応じて大きな費用がかかります。新規ユーザーを獲得し続けるためにネット広告施策を常時実施して、運営費用の中でも常に高い割合を占めていることが一般的です。

広告の例：

- Web サイトでの広告
- SNS での広告
- 他ゲーム内での広告
- TV での CM
- 雑誌での広告

広告 KPI

広告の効果を測定するために、広告でも KPI が用いられています。

広告での KPI 例：

- バナークリック数
- バナークリック率
- インストール率
- チュートリアル突破率
- CPI
- ROAS

他にも大量にありますが、ここでは代表的なものとして上に挙げたものについてみていきます。

KPI：バナークリック数

バナー型広告のクリック数を示す KPI です。基本的にはバナーの表示回数に比例します。

バナーの表示回数は広告費に応じます。広告費が多ければバナーがより多く表示されることになります。

KPI：バナークリック率

バナー型広告の表示数に対してクリックされた数の割合を示す KPI です。

バナークリック率：バナー型広告のクリック数 / バナー型広告の表示数（%）

バナークリック率が低い場合、バナーに何か問題があると思われます。

▶ KPI：インストール率

Web 広告をクリックした者がゲームのインストールに至った割合です。

Web 広告をクリックしてゲームをインストールするためのストアに遷移した際、そこからゲームを実際にインストールしたのかが計測されます。

インストール率：
Web 広告をクリックした者のインストール数 /Web 広告がクリックされた回数（%）

これが低い場合、Web 広告がいくらクリックされても広告効果は弱いことになります。

▶ KPI：広告からのチュートリアル突破率

WEB 広告をクリックした者がゲームのチュートリアルを突破した割合です。

広告からのチュートリアル突破率：
WEB 広告クリック者のチュートリアル突破数 /WEB 広告がクリックされた回数（%）

これが高ければ広告からゲームへの導線がうまく機能していることになります。

▶ KPI：CPI (Cost Per Install)

1 回のインストールに対していくらの広告費がかかったかの平均値を示す KPI です。

CPI：広告費 / インストール数

この KPI で、1 人のユーザーを獲得するためにいくらのお金がかかったのかが分かります。1 人につき数千円以上かかっていることも当たり前です。次の ROAS でも説明しますが、広告でユーザーを増やすのには大金がかかるのです。「ユーザーを獲得する」ことがそれだけ重要であるとも言えるでしょう。

▶ KPI：ROAS (Return on Advertising Spend)

広告費用対効果を意味し、かけた広告費に対するその広告によって生じた売上の割合を示す KPI です。

ROAS：広告によってユーザーになった客からの総売上 ÷ その広告費用（%）

ROAS が 100% 以上であれば、その広告にかけた費用よりも売上のほうが大きかった、つまりその広告は黒字であり成功したといえます。広告が利益を上げる目的で行われる以上、この ROAS が広告の効果を最も正確に評価できる KPI です。

しかし実際の運用としては40%程度でも良しとされることが多いようです。これは、売上を評価できる期間が短いので40%になっているだけであり長期的には100%を超えるはずだという考え方によるものです。ただし広告の大半は赤字であって、実際の効果は薄いことを物語っているようでもあります。

広告によるKPIの増加

Web広告の中には、今プレイしているゲームとは他のゲームをインストールすることで、今プレイしているゲームの報酬を得られるというものがあります。この手の広告によってインストール数を効果的に増やすことができます。しかし遊ぶためにインストールしている訳ではないのでプレイにはつながりにくいのが実状です。

AUは客数を表す数字なので運営プロジェクトでは特に注目されます。こうしたWeb広告を打つことですぐにAUを増やすことはできるのですが、本当のユーザーは増えていません。それでも広告を打ち続けることで見た目上のMAUを増やしてプロジェクトの状況をよく見せようとしてしまうことがあります。売上上昇にはつながらず、KPIの精度も下がってしまい、結局はプロジェクトの状況を悪化させることになります。

意味がある広告を打ち、KPIを正しく把握するように努めたいものです。

広告のABテスト

ABテストと呼ばれるテスト方法では、半分の人にはAパターン、もう半分の人にはBパターンの広告を表示して、どちらが効果的かを測定します。

バナー型広告には刺激的な画像を使ったものも多く見られます。実際のところ、こうした広告には効果があるのでしょうか？

男性ユーザー向けゲームでのABテストによると、より刺激的な女性キャラ画像のほうがより多くクリックされるそうです。ところが売上としてはかえって下がってしまうのだとか。そうした画像をクリックするのが主に男子中学生であり、彼らは大人よりも可処分所得が少ないため、かえって売上が下がってしまうのです。

また別の例として、メカとパイロットが登場するゲームの広告でどちらをアピールすべきかという問題がありました。ABテストの結果、パイロットが多くクリックされたのでパイロット主体の広告にしたところ、最初は良かったものの段々と効果が落ちてしまいました。そこでメカの広告に変えたらクリック率は大きく上昇。しかしそれもやがては落ちてしまい、またパイロットの広告へ。

同じような広告はいずれ飽きられてしまったり、他のゲームと似たような広告だと効果が落ちたりする結果、このような現象が起こるのだと思われます。

ABテストはある時点での判定に便利ですが、クリック者が求める客層とは限らないため、本来の客層とは異なる方向に舵を取ってしまう危険があります。またその判定結果がいつまでも正しいとは言えません。くれぐれも過信は禁物です。

まとめ

運営プロジェクトは期間を区切ったプロジェクトであり、一定成績以上であれば次の予算を得て継続、下回ると終了します。

成績を上げるための施策として、バージョンアップやエンドコンテンツの追加、イベントやキャンペーンの定期開催が行われます。

成績の最も重要な評価基準は利益ですが、プロジェクトの様々な状況を把握して予測するために各種のKPIが用いられます。広告についても広告用のKPIで効果が測定されています。

これらのKPIを駆使しながら各種施策を行うことで、できるだけ長く太く継続できることを目指すのが運営プロジェクトです。

考えてみよう

（　）内に正しい数字を入れてください。

① 広告費5千万円に対して、その広告で得た総売上2億円のときのROASは（　）%である。

② 登録者数100万人のゲームで、ある日の課金者が2万人、売上が1億円であった。この日のARPPUは（　）円、ARPUは（　）円である。

③ ゲームの広告を行うことになった。1回のクリックに対して200円を広告費として支払う。20万回表示されて1万回クリックされ、クリックした者のうちの100人がそのゲームのインストールを行い、50人がチュートリアルを突破した。この50人はガチャで平均2万円を使った。このときのバナークリック率は（　）%、インストール率は（　）%、チュートリアル突破率は()%、CPIは（　）円、ROASは（　）%となる。

参考書籍

広瀬信輔
『アドテクノロジーの教科書 デジタルマーケティング実践指南』
翔泳社　2016 年

デジタルメディア向けの広告配信技術「アドテクノロジー（アドテク）」について、専門的技術知識がなくても分かるように、広告主視点の視点で図解を交えて解説します。

デジタルメディアではどのような広告が行われているのか、そこではどんな技術が使われているのかを俯瞰的に学ぶことができます。

COLUMN

販売促進

本書では開発プロジェクトをメインに取り扱っていますので、広告や広報、宣伝イベントなどの流れは省略しています。ただし、実際には開発と並行して販促計画も行い、最大限の効果を発揮するようにタイミングを見繕って製品の発表や宣伝を進めていきます。

雑誌の広告が宣伝の主流だったころは、製品の開発がうまくいかずに発売が遅れてしまうと、雑誌にたくさん広告が掲載されたずっと後になってから製品が発売されてしまっていました。こうなると広告は無駄になってしまいます。雑誌は入稿してから印刷するまでに時間がかかるので広告掲載を急に取りやめるのは難しいのです。

今どきは Web 広告が主流になって、個人の嗜好に応じた広告をリアルタイムに打っていくことも可能です。とはいえリリースの遅延は盛り上がりタイミングが崩れるので避けたいところではあります。

こうした広告はメディアに依頼して掲載してもらうのですが、広報の場合はメディアが自分の意志で製品情報を掲載します。ゲーム会社は取り上げてもらえそうな製品情報をメディアに流します。その際、どのような情報をどんな順番で出していけば期待を盛り上げられるのかを考えて、製品タイトル、ゲーム概要、ストーリー、キャラクター紹介イラスト、プレイ映像などを段階的に発表していきます。

私自身の経験としては、ある製品では販促に 1 円もお金を使えなかったのですが、熱心なファンの方がいらっしゃったのでメディアや SNS で爆発的な反響をいただけました。逆に製品内容に興味を持っていただけず、まるで反響を得られないこともありました。こうした場合、広告もほとんど効果がないのが痛いところです。宣伝したければ、まずは多くの方々から興味を持っていただけるような企画にすべしという教訓でした。

販促活動の中には人を集めるイベントもあります。イベントは高額なわりには数百人程度の集客力なのであまり効果がないという指摘も聞かれます。ところが魅力的なイベントは多くのメディアに取り上げられるのです。数十のメディアに取り上げられれば、数十の大型広告を無料で打つことができたも同然。実はコストパフォーマンスがいいのですね。もちろん記事にして面白いイベントであることが前提です。

販促計画ではこれらの施策を組み合わせて市場を盛り上げていきます。タイトルによっては、まだ開発が進んでおらず材料がないのになんとか盛り上げようと苦労していたり、はたまた宣伝用にゴージャスな映像まで用意されていて余裕たっぷりだったり。開発計画とどのようにリンクしているのかを気にしながら見てみると面白いですよ。

「考えてみよう」の回答

- ROAS は（400）%。
- ARPPU は（5,000）円、ARPU は（100）円である。
- バナークリック率は（5）%、インストール率は（1）%、チュートリアル突破率は（50）%、CPI は（20,000）円、ROAS は（50）% となる。

リリース・運営

開発管理スタイル

主流のスタイル

コンピューターソフトウェアの開発プロジェクトでは様々な開発管理スタイルがとられています。古いスタイルや新しいスタイルなど様々ですが、単純に古いものが悪く新しいものが優れているかというとそうではありません。それぞれ開発の規模や内容に適した管理スタイルがあります。

この章ではゲーム開発プロジェクト管理を考えるうえでの比較参考として、広くソフトウェア開発にはどのような開発管理スタイルがあるのかを解説します。

なお、ここで述べるのは概要ですので基本的な内容にとどめており、発展形や例外には触れていません。本格的に知りたい方は章末で挙げているような専門書で学ぶとよいでしょう。

ウォーターフォール型とスクラム型

現在ゲーム業界における主流の開発管理スタイルは大きくウォーターフォール型とスクラム型に分かれています。

銀行の勘定系などでの大規模な開発に使われてきたのが重厚長大なウォーターフォール型で、スクラム型開発管理は、Web サービスなどで新しいアジャイル（俊敏）なスタイルとして広まっているアジャイル型開発管理の一種です。

比較図

	ウォーターフォール型開発	スクラム型開発（アジャイル型開発）
サイクル	大きい	細かい
規模	大きい	小さい
期間	長い	短い
リリース	最後にリリース	頻繁にリリース

ウォータフォール開発：

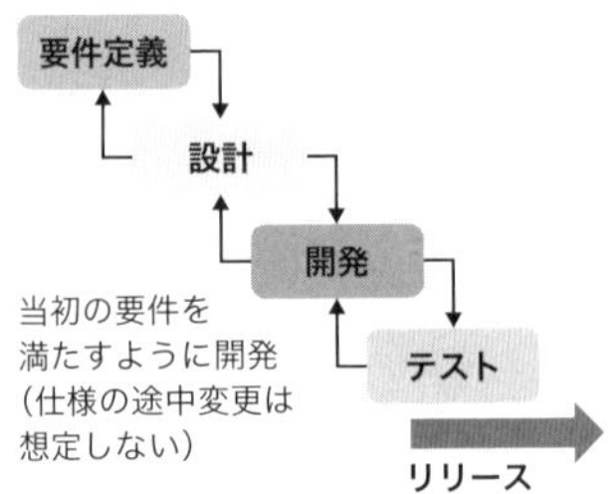

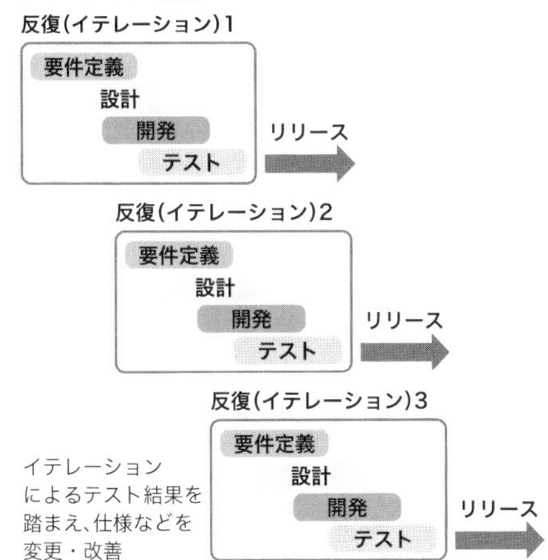

出典：総務省 ICT 人材の再配置
https://www.soumu.go.jp/johotsusintokei/whitepaper/ja/r01/html/nd123120.html

ウォーターフォール型開発管理

ウォーターフォール型開発管理の特徴は「長期」「上意下達型」です。何を作るのか最初に仕様を全て決定し、それから開発、検証と進んでいきます。仕様の途中変更は基本的には行いません。流れが逆戻りせず、上から下にやることが降ってくることからウォーターフォール(滝)と呼ばれています。

このスタイルでは数か月から数年以上の中長期スケジュールでプロジェクト管理を行います。大規模開発にも強く、数千～数万人が関わるような巨大システムの設計開発に有効です。コンピューターソフトウェアの伝統的な開発スタイルであり、銀行などの巨大な業務システムの開発によく使われています。

大きなプロジェクトにおいても、確実に合意を取りながら進めていくために、開発内容を確認するための詳細な書類を様々な関係者が各開発段階での成果物として作成していきます。ここに工数をかけるのが特徴のひとつです。

本章では、新たなコンピューターソフトウェアを必要としている会社がシステム開発会社に開発業務を委託して開発させるという想定で説明します。この場合、成果物を必要としている顧客と開発者が別々になります。

まずはウォーターフォール型の流れを確認しましょう。

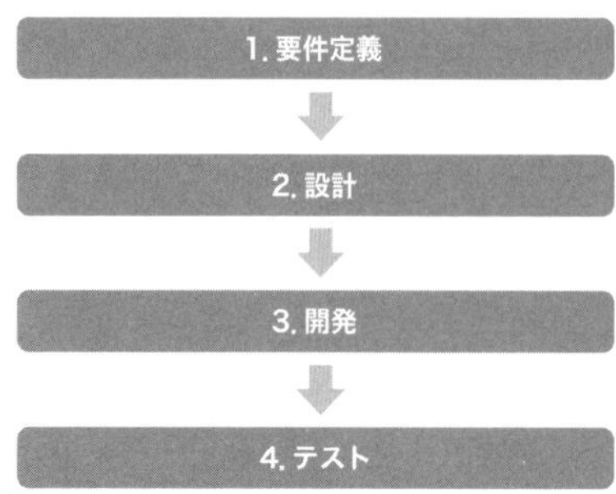

以降でそれぞれ解説していきます。

1. 要件定義

開発者が顧客の求めているものを定義します。顧客が要望を出し、開発者は要望や顧客の業務状況を調査確認して、顧客の求めているものを厳密に定義していきます。ここでの定義があいまいだと、この後で迷走したり、完成した成果物が顧客の本当に欲しかったものとは違う結果に終わったりしてしまいます。

しかし、自分にとって何が必要かを顧客が正確に把握できているとは限りません。顧客に要件を確認するプロジェクトチームの側は、ただ要望を聞くだけではなく、顧客の抱える問題を洗い出し、それに見合った答えを見繕って提示する必要があります。

ゲーム開発プロジェクトの場合、別の企画会社からゲームの開発業務を受託して開発することがよくあります。このような場合にも正確な要件定義が必要なのですが、ゲームの場合は特に企画があいまいです。どれだけ確認しても厳密な要件定義を得られないかもしれません。このような場合は、頻繁な成果物確認や、プロト版開発までをひとまずの短期プロジェクトとして受託するなどのリスク回避策が必要となります。

2. 設計

要件定義が終わったら、設計の段階に移ります。先の流れでは「設計」としてひとまとめにしましたが、以下では「基本設計」と「詳細設計」に分けて説明します。

2-1. 基本設計

どのようなものを作るのかを顧客向けに説明する基本設計書を作成します（ゲーム開発プロジェクトでは企画書に相当します）。この内容で良いのかを顧客に確認し、顧客から承認してもらわねばなりません。

2-2. 詳細設計

基本設計と合わせて、開発プロジェクトチーム向けにどのような開発を行うのかを説明する詳細設計書を作成します（ゲーム開発プロジェクトでは仕様書に相当します）。開発プロジェクトチームの開発担当者が仕様の内容と実装方針を理解できる内容にせねばなりません。

3. 開発

顧客が基本設計書の内容を了解したら、詳細設計書に基づいて開発を行います。開発によってコンピューターソフトウェアの成果物が得られます。ただし開発が成功しているとは限りません。基本的になにかしらの動作不具合や要件定義との不整合があります。

ここまでで要件定義から実装までの各ステップで行うことを解説しました。先ほどのウォーターフォール型開発の流れにこれをあてはめると次のようになります。

要件定義から開発までの流れ：

1. 要件定義

- 顧客にヒアリングして要件を定義する
- 要件定義書を作成する
- ここで厳密に顧客が本当に欲しいものを確認しておく必要がある
- ゲーム開発プロジェクトでは受託開発する場合によく行われる工程

2-1. 基本設計

- 要件定義書をベースにして顧客向けの設計を行う
- 顧客向けに基本設計書を作成する
- ゲーム開発では企画書の作成に相当

2-2. 詳細設計

- 開発チーム内部向けに詳細設計書を作成する
- ゲーム開発では仕様書の作成に相当

3. 開発

- 詳細設計書に基づいてプログラムを行う
- 成果物はコンピューターソフトウェア

4. テスト

実装した成果物を完成させるには、不具合を発見して修正し、その結果を確認して要件定義のとおりに動作させねばなりません。このためにプログラムに対してのテストが行われます。設計と同様、ここでもテストを４つに分けて説明していきます。

4-1. 単体テスト

単体テストでは開発されたコンピューターソフトウェアのプログラムを機能別に単体でテストして、設計したとおりに動作しているのかを確認します。

このテストで得られる成果物はテスト結果の報告書類です。ただし、ゲーム開発プロジェクトの場合、この報告書類まで作ることは稀です。ゲームは開発中に仕様変更が頻繁に行われるため、当初の設計どおりに動作しているかについて、時間をかけて書類を作成し厳密に報告しても役に立たないことが大きな理由です。また、設計どおりの完璧な動作が求められる銀行系勘定システムといった開発とは異なり、ゲーム開発は「動いているものが面白ければそれでよい」という緩さがあることも理由のひとつでしょう。

4-2. 結合テスト

結合テストでは複数のプログラムを結合して正しく動作するかテストします。

成果物はテスト結果の報告書類です。単体テストと同様、ゲーム開発プロジェクトの場合はこの報告書類まで作ることは稀です。前項で挙げた理由のほか、ゲームでは結合した成果物が正しく動作すること自体よりも、テストプレイしての評価が重視されるためです。

ゲーム開発の場合、仕様作成を担当したプランナーが、仕様書のとおりに開発されているのかをテストプレイして確認し、問題があった場合は開発のやり直しや仕様書の修正を行います。

4-3. 総合テスト

プログラムを全体に結合してシステムが正しく動作するかをテストします。

成果物はテスト結果の書類です。ゲーム開発プロジェクトでは作成基準や仕様全体のチェックシートを作成することが一般的です。

問題なく動作すれば次の受入テストに進みます。

ゲーム開発の場合は、全体に結合されていないとひととおりのプレイができないため、この段階で初めて通しプレイと全体評価が行えるようになります。この評価結果を書類にまとめてゲーム全体を見直すことも一般的です。

4-4. 受入テスト

コンピューターソフトウェアのシステム全体が本番環境で正しく動作するのかをテストします。

最も重要で安全性が問われるテストです。問題がなければ完成になりますが、それぞれ問題があった場合は前に戻ってやり直します。

ゲーム開発プロジェクトでは一般向けβテストやQAチームによるβ版の品質確認、プラットフォームホルダーによる作成基準チェックに相当します。

テストの流れ全体を改めてまとめると次のようになります。

テストの流れ：

4-1. 単体テスト

・プログラムを機能別に単体でテストする
・成果物はテスト結果

4-2. 結合テスト

・複数のプログラムを結合して正しく動作するかテストする
・成果物はテスト結果

4-3. 総合テスト

・プログラムを全体に結合してシステムが正しく動作するかをテストする
・成果物はテスト結果
・問題なく動作すれば次のテストに進む

4-4. 受入テスト

・システムが本番環境で正しく動作するかをテストする
・最も重要で安全性が問われるテスト
・問題がなければ完成
・それぞれ問題があった場合は前に戻ってやり直す

ウォーターフォールの長所

ウォーターフォールには以下のように大規模で厳密な開発に適した長所があります。

計画しやすい

・最初に要件定義をして全体を設計し終わってから開発に進むので、開発計画を立てやすい
・開発計画に基づいてタスクを洗い出せるため、必要な人員数も計画しやすい

設計しやすい

・まとめて設計するので、大規模な設計がしやすい

書類管理しやすい

・段階的な工程ごとにやることが明確なので状況をわかりやすく書類に管理できる

作業しやすい

・作業範囲が細かく分かれているので、開発者は自分の担当に専念できる

ウォーターフォールの短所

長所の裏返しとして、ウォーターフォールは小規模で柔軟な開発には適していません。現代では顧客を分析してこまめにWebサービスを改善していくといったスピード感のある顧客志向開発が主流となっているのですが、厳密な要件定義と設計に時間をかけたうえで、できるだけ手戻りしないように開発を進めて状況を詳細な書類で確認していくウォーターフォールではこうした開発は難しいといえます。

計画変更しにくい

・最初に要件定義をして全体を設計し終わってから開発に進むので、後からは変更しにくい
・変更すればそのまま遅延して費用も増える

設計変更しにくい

・顧客がテストできるのは最終段階なので、意見を反映しにくい

変更すると書類管理が大変

・全体を細かく書類管理しているだけに、変更すると膨大な書類の書き直しが発生

リリースまでが長い

・最後のテストが終わってからようやくリリースされる
・途中で状況が変わってやり直しになることも

ウォーターフォール型開発のまとめ

プロジェクトを要件定義、設計、開発、テストの工程に厳密に分けて、詳細な報告を繰り返しながら確実に開発を進めていくスタイルがウォーターフォール型開発です。

様々な開発プロジェクトの基本となっている伝統的なやり方であり、巨大プロジェクトに適していますが、変更がしにくくリリースが遅くなるという短所もあります。

ゲーム開発とウォーターフォール型

ウォーターフォール型は業務システム向けに発展してきました。こうしたシステムでは、顧客向けに詳細な報告を繰り返し、顧客が欲しいものを厳密に決めていくことが求められます。

しかし作り直しが頻繁に発生するゲーム開発プロジェクトにおいては、ウォーターフォールのやり直しを想定しないスタイルがかみ合わず、厳密な書類作成や報告が煩雑にすぎるといった難点があります。

このため、現在のゲーム開発現場では簡略・改変したウォーターフォールが使われています。成果物はゲームソフトウェア自体を主とし、細かな報告は重視されません。また面白さを実現するためには作り直しは避けられないので、調整や変更を想定したサイクルで進めます。

また、ウォーターフォールでは言われたとおりに作るだけになりがちで、自発性を損ねるという短所があります。しかしゲーム開発では自発的な工夫が品質を大きく向上させます。自発性を引き出すための対策として、目的やコンセプトをチーム全体に共有した上で現場への権限移譲による自己管理を進める必要があります。

ゲーム開発での流れ：

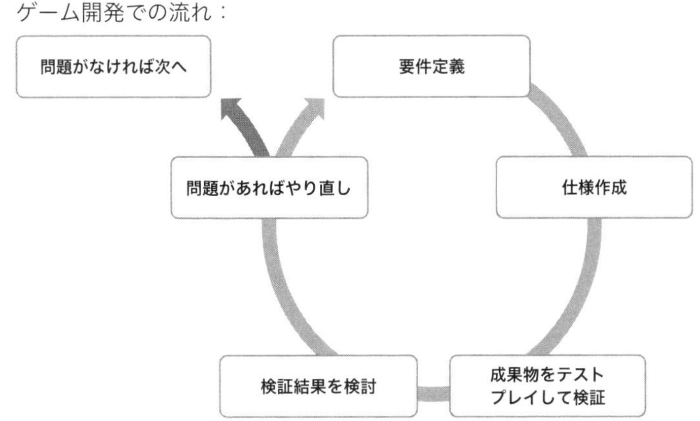

スクラム型開発管理

スクラム型開発管理スタイルは、ウォーターフォールの短所を解決できる手法として近年に登場しました。

このスタイルでは、日単位で集合（スクラム）して開発状況を見直しながら、週単位の短期サイクル（イテレーション）でタスクを実行していきます。その際は全体を小さなサブチームに分けてそれぞれが狭い範囲を担当し、自分たち自身で細かく内容や作り方を見直しながら進めます。

顧客に確認しながら細かくリリースを繰り返していくので、小さな単位での機能追加や改善に有効です。

▶ スクラムのサイクル概要

スクラム型の開発では、目指すプロダクト（成果物）を１～４週間程度のサイクルで開発できる小さな機能に分解し、細かく機能をリリースしていきます。このときひとつの機能を開発するサイクルはスプリントと呼ばれます。十分な機能がそろって「これ以上は必要ない」と顧客が判断した時点で開発は終了となります。

1～4週間の短いサイクル（スプリント）で要件定義からリリースまでを完了

目指すプロダクトを細かな機能に分解

機能1	要件定義	開発	テスト	リリース
機能2	要件定義	開発	テスト	リリース
機能3	要件定義	開発	テスト	リリース
機能4	要件定義	開発	テスト	リリース

- 機能を小さく分解
- 要件定義～設計～開発～テストの1サイクルを1～4週間で完了して新機能をリリース
- この1サイクルをスプリントと呼ぶ
- スプリントを繰り返して機能を追加していく
- 十分な機能に達したと判断したところで開発完了

▶ スプリントのフェイズ

スプリントは複数のフェイズに分かれて段階的に進行します。

用語が難しく感じるかもしれませんが、簡単に言うと、プロダクトに入れたい機能をまず一覧にまとめ、その中から責任者が次に欲しい機能を選び、開発者が開発し、できた機能を開発者と顧客で評価して、問題なければその機能をリリースするという流れです。

スプリントのフェイズの流れ：

1. プロダクトバックログの作成

- プロダクトの機能がまとめられたものをプロダクトバックログと呼ぶ
- プロダクトオーナーを責任者としてチームで作成する

2. プリントプランニング

- プロダクトバックログに記載された機能の中から次のスプリントで実装するものをプロダクトオーナーが決める

3. スプリントバックログの更新

- スプリントで行うタスクをスプリントバックログに記載する

4. スプリント

- 最長4週間を期限としてタスクを行う

5. スプリントレビュー

- スプリントの成果物を評価する
- 評価にはステークホルダー(顧客含む)も参加
- OKならリリース

6. スプリントレトロスペクティブ

- 今回のスプリントを見直して改善案を出す

実際の例を示すと次ページのようになります。

▶ フェイズの進行例

「消費者に向けて部品カタログの閲覧サービスを提供するWebサイト」を部品メーカーから受託開発するものとします。

1. プロダクトバックログの作成

- 部品カタログの閲覧サービスに必要となる機能を開発チームでリストアップする
- プロダクトオーナーである事業部長が、クライアントである部品メーカーの担当者や開発部長などの社内関係者にリスト内容を確認し、責任をもってプロダクトバックログにまとめる

2. プリントプランニング

- プロダクトバックログに記載された「商品一覧ページ」「商品説明ページ」「商品名検索」「商品詳細検索」「お気に入り登録」「閲覧履歴」などの機能の中から次のスプリントで開発するものとして「商品一覧ページ」「商品説明ページ」をプロダクトオーナーが選ぶ

3. スプリントバックログの更新

- 「商品一覧ページ」「商品説明ページ」の機能を作成するためのタスクについて、それぞれの作業者がスプリントバックログに記載する

4. スプリント

- 1週間を期限として「商品一覧ページ」「商品説明ページ」を開発するタスクをチームが行う

5. スプリントレビュー

- スプリントの成果物として「商品一覧ページ」「商品説明ページ」を評価する
- 評価にはステークホルダーとして部品メーカー担当者や社内の開発部長が参し、全員がOKだったのでリリース

6. スプリントレトロスペクティブ

- 今回のスプリントを見直して、商品用のデータ作成作業に人力頼みで非効率な部分があったため、これを自動化するという改善案を出す

▶ デイリースクラム

スプリント期間中は毎日15分程度集まって「デイリースクラム」を行います。昨日の作業、今日の作業、待ちの作業を報告しあい、互いの状況を共有・確認します。

▶ スクラムの長所

スクラムの長所は、ウォーターフォールの裏返しになります。

スクラムは小規模で柔軟な開発に適した長所を持っています。

スクラムの長所まとめ：

細かなサイクルで機能をリリース

・顧客が求めるものを素早く提供できる
・開発変更に対応しやすい
・無駄な作業が発生しにくい

チームメンバーが自分で計画・見直し・改善を実施

・高い自発性を引き出すことができる

スクラムの短所

スクラムでは作業の内容やスケジュールが短期間しか予測できず、作業が細かな機能に分解されるため、厳密に統合された大規模なシステムの開発には向きません。チームメンバーはただ開発するだけではなく全員がプロジェクト管理にかかわらねばうまくいきませんので、それに応えられるだけの開発者を集める必要があります。これは多数の開発者を集めての開発には向いていないということでもあります。

密接なコミュニケーションが求められますので、外注開発のような距離のある開発には適用しづらいという面もあります。

スクラムの短所まとめ：

チームメンバーに求める水準が高い

・開発だけでなく、計画・見直し・改善提案が求められて個人負荷が大きい
・スクラムの運営自体が難しいので専任のスクラムマスターも必要
・密接なコミュニケーションが必要になる

細かな機能単位で開発

・スケジュールが読みにくい
・成果物が予測しにくい
・完了予定が立てにくい
・全体的な方針が定まりにくい

スクラム型のまとめ

スクラム型では細かく機能を分解したうえでメンバーが主体的に評価や改善を行いながら開発を進めます。細かな機能に分解できる製品や、変更が頻繁な長期運営サービスに適しています。

ゲーム開発とスクラム型

スクラムは短期サイクルで細かくリリースしていく手法のため、成果物を小さな機能単位に分割して開発し、機能が多い場合はチームも分割します。これができるのは機能の独立性が高く、ひとつの機能を変更してもその影響が他に波及しにくい場合です。

多数の機能を寄せ集めた業務システムやWebサービス、ビジネスアプリケーションであれば、小さな機能ごとにチームを分けて改良や追加をしていくことが可能です。しかしゲーム開発はひとつにまとまった作品作りです。ゲームではひとつの機能を変更するだけでも全体に波及することがよくあります。例えばプレイヤーキャラクターを写すカメラがひとつ変更された場合、あらゆる操作に影響することになります。ゲームは機能を分割しづらく見直しのコストも大きいのです。また、1人のディレクターが開発方針を統括するためにチーム分割がしづらいという面もあります。

これらの理由からゲーム開発ではスクラムのメリットを活かしにくいのが実情です。少なくともゲーム初期開発での成功例を私は見たことがありません。ただし、スクラム型が適しているケースも存在しました。

ゲーム運営とスクラム型

オンラインゲームの運営では1か月〜数か月の短いサイクルでバージョンアップしながら細かく機能を改良してリリースしていきます。

スクラムの見直しながら作っていくスタイルは、このゲーム運営のサイクルとマッチしています。このため今後のゲーム運営にスクラムは普及していくと考えられます。

改めてウォーターフォールとアジャイルを比較

ウォーターフォールとアジャイル（スクラム）は長所と短所が裏返しになっています。

ウォーターフォールとアジャイル（スクラム）の比較図

	ウォーターフォール	スクラム
サイクル	大きい	細かい
規模	大きい	小さい
期間	長い	短い
リリース	最後にリリース	頻繁にリリース
作業分担	細かく分かれる	広く担当する
計画性	高い	低い
柔軟性	低い	高い
適性	・巨大で厳密な長期開発 ・銀行の勘定系システムなど	・状況に応じて速やかに対応するコンパクトな開発 ・Webサービス運営など

それぞれの長所と短所を考慮し、プロダクトの規模や内容に応じて選択する必要があります。

ゲーム開発現場の独自開発スタイル

以下はゲーム開発現場で生まれた独自の開発スタイルを紹介します。ただし、残念ながらお勧めはできません。あくまで「存在する」という認識に留めてください。

神様型

ゲーム開発現場でありがちなのが神様スタイルです。

特別に強い立場のクリエイターが「神様」になって、「絶対神権」で決めていき、神様の意志に逆らうとチームを追放されます。チーム自身による見直しや改善は行われません(行えません)。

神様の作業が停まると全てが停まります。このため神様が忙しいと神様待ちが頻繁に発生します。神様が何をしたいのかチームには訳が分からないことも多いようです(神様自身もわかっていないかも)。

神様は普段は遠くの別会社にいて、唐突に今までの方針とは大きく違う命令を天から降らして開発現場を大混乱させるというパターンもあるそうです。

巫女型

巫女型は神様型の発展形です。

神様から指示は来ないのですが、神様の気に食わないものを作ると怒りを受けて罰せられてしまいます。これを避けるために神様から怒られにくい人が巫女役に選ばれて、神様にお伺いを立てながら作っていくというスタイルです。そのため、巫女役が実質的なディレクターになります。

このようなケースでは、チームは自律的に活動することを避けて、巫女の託宣でのみ動くようになります。

会社から極めて高い評価を受けている人は、いつしか神様としてあがめられるようになりがちです。神様スタイルは、その神様が天才かつ秀才で勤勉ならば大きな成果を上げるかもしれません。しかしチーム各メンバーの能力を引き出して成長させて自己実現させることはできなくなります。そして神様がいつまでもすばらしい能力を発揮してくれるとも限りません。

未来を考えるならばお勧めできないスタイルです。

まとめ

コンピューターソフトウェアの開発スタイルは、大規模な流れ作業を行うウォーターフォール型と細かく見直していくスクラム型に大きく分かれています。

ウォーターフォール型はゲーム開発に適している面もありますが、仕様を決める側と、言われるがまま作るだけの側に分かれがちという短所があります。ただし、こだわったゲーム作りではそのこだわりが自発的であることが重要です。

スクラム型の細かく短く開発していくスタイルは、全体的なまとまりが必要なゲーム開発には使いにくいのですが運営には適しています。

本書で解説しているプロジェクト管理は、ウォーターフォールを簡略・改変して、アジャイル的な要素を一部取り入れ、自発的な検証と見直しを重視した開発サイクルを繰り返すスタイルです。

考えてみよう

あなたが関わるプロジェクトにおいてウォーターフォール型かスクラム型を適用するとした場合、長所と短所をそれぞれ考えてみましょう。

参考書籍

平鍋健児

『アジャイル開発とスクラム 第2版 顧客・技術・経営をつなぐ協調的ソフトウェア開発マネジメント』

翔泳社　2021年

企業のリーダー向けに、アジャイルとスクラムの考え方や進め方が分かりやすく解説されており、事例やインタビューを通じて実際の状況も知ることができます。

アジャイルを組織内で大規模化するためのスケールフレームワークなどアジャイルの新たな方法も簡単にまとめられていて、アジャイルの今までとこれからを包括的に理解できる1冊です。

広兼修

『プロジェクトマネジメント標準 PMBOK 入門:(PMBOK 第7版対応版)』

オーム社　2022年

PMBOK (Project Management Body of Knowledge) とはプロジェクトマネジメントのノウハウや知識をまとめた体系であり、世界的な組織であるプロジェクトマネジメント協会によって制定されています。

この書籍では初学者向けに、12の原理・原則と8個のパフォーマンス領域から定義されているPMBOK 第7版の要点をわかりやすくまとめてあります。

ウォーターフォール型からアジャイル型まで、基本を広く学ぶことができるでしょう。

第5部

まとめと演習

XII

プロジェクト管理の演習

基本演習

ここまで、ゲーム開発プロジェクトの流れや管理手法について扱ってきました。

この章ではここまでを一度まとめつつ、振り返りと演習を行ってみましょう。

プロジェクトの基本要素

プロジェクトを始めるにあたって、まず行うべきは以下のポイントの整理です。これらを事前に実施、把握しておくことで、プロジェクトの基本要素も定まってきます。

プロジェクトのポイントと基本要素

ポイント	関連する基本要素
プロジェクトの位置づけを行う	前提と制約条件（目的・期間・予算）を決める
方法と段取りを定める	業務プロセス（コンセプト、マイルストーン）を定める ここから開発計画が定まり、タスクが生じる
誰が何をやるのかを決める	プロジェクトの実行者を定める
関係者を確認する	ステークホルダー（利害関係者）の把握　各ステークホルダーの関係整理

基本要素はそれぞれ関連しあっていますので、いきなり決めるのではなく、ポイントごとに関連する基本要素をリストアップしながら調整していきましょう。

基本要素としては以下が挙げられます。

・前提
・制約条件・目的
・制約条件・期間
・制約条件・予算
・実行者
・コンセプト
・ステークホルダー
・マイルストーン

それぞれについて、ポイントや概要を端的にまとめたうえで改めて確認していきます。

前提

● プロジェクトを始めるにあたっての状況

・背景説明
・どうしてこのプロジェクトを始めようと考えたのかという理由
　– 市場の分析
　– 企画の経緯
　– 組織の状況など

▶制約条件・目的

- **制約条件において最重要な条件が「目的」**
  - ・目的は基本的にひとつ
  - ・目的に応じて他の制約条件である期間や予算も決まっていく
  - ・プロジェクトは目的を達成するために行う
- **開発プロジェクトでの目的は以下の要素からできている**
  - ・開発する対象
    - – ゲーム開発であれば、対象はゲーム製品
  - ・対象によって得られる成果
    - – 成果を客観的に検証できるよう設定する
      - →悪い例：面白い〇〇ゲームを作る
      - →良い例：〇〇ゲームを作り、ゲーム評価サイトのMetacriticにおいてMetascore90点以上を取る

▶制約条件・期間

- **以下のような要素を調整しながら決定する**
  - ・顧客の要望（売れる時期）
  - ・組織の都合（売るものが必要な時期）
  - ・必要な品質を達成するための開発にかかる期間
  - ・期間に応じてかかる開発費
  - ・売上、利益

XII

▶制約条件・予算

- **以下の要素を調整しながら総額を決定する**
  - ・目的達成に必要な開発費
  - ・組織が負担可能な限界
  - ・収支が合う

▶コンセプト

- **目的を達成するために行う作業の中でも最重要な作業のこと**
  - ・ひとつの目的→複数のコンセプト
  - ・コンセプトは複数設定してもよいが、多くとも3つ以内に収める
    - – やりたいことが多いと大量にコンセプトを挙げてしまいがち
    - – 多すぎるコンセプトは作業を管理する際の優先度を判断できなくさせる
  - ・目的達成のため本当に大事なことは何かをよく考えて絞り込むこと

マイルストーン

- **マイルストーン（タスクの検証サイクル）を定める**
  - ・開発に段階的な目標を定める
    - – どのような成果物を作るのか
    - – いつまでに成果物を作るのか
    - – どのように成果物を検証するのか
- **段階的に精度を上げていく**
  - ・曖昧なアイディア
  - ・企画
  - ・計画
  - ・実行
  - ・見直し
  - ・完成

ステークホルダー

- **ステークホルダー（利害関係者）との関係性を定める**
  - ・プロジェクトのメンバー以外で、そのプロジェクトと関わる人や組織のこと
  - ・プロジェクトを行う会社の社長、プロジェクトで作る製品を売る営業部門、製品を使う顧客などが該当
  - ・プロジェクトは臨時組織なので、特に通常組織との関係を定めておくのがよい

実行者

- **プロジェクトの実行者を定める**
  - ・実行者は決定者と作業者から成る
  - ・決定者と作業者の振り分け
    - – 誰が何を決めるのか
    - – 誰が何をやるのか

基本要素の例

以下は例として「社内や学校でグループ登山を行う」というケースを想定し、それをプロジェクトと見た場合の基本要素を埋めてみたものです。

基本要素	例
前提	グループに登山好きが集まっている 登山に適した季節である
制約条件・目的	グループで登山して一泊二日のキャンプを行う
制約条件・期間	今年の登山季節が終わるまでに実行する 二連休が必要である
予算	キャンプ場利用費、食費を徴収、交通費は各自負担 予算上限は○千円とする
実行者	グループ全員＋希望者
コンセプト	初心者でも参加できるように道具レンタル OK なキャンプ場を使用
ステークホルダー	キャンプ場の運営者
マイルストーン	1. グループ以外の参加者を募る。○月○日まで 2. 確定した参加者で意見を募ってキャンプ場を決める 3. グループでスケジュール案と予算案を作成する 4. 参加者に確認してスケジュールと予算を確定する 5. キャンプを行う 6. キャンプ終了後、反省会を開催して次回の改善案をまとめる

このように基本要素をまとめることで、プロジェクトをどのように進めていくのかをプロジェクトメンバー間で明確に確認できるようになり、基本要素の関連性も見えてくるので、計画の見直しや調整、実行が容易になります。

考えてみよう

あなたの日常生活や実際に関わっているプロジェクトについて、基本要素をリストアップしてみましょう。基本要素の関連性を考えながらまとめてみてください。

基本要素	
前提	
制約条件・目的	
制約条件・期間	
予算	
実行者	
コンセプト	
ステークホルダー	
マイルストーン	

プロジェクトの基本要素をまとめてみることで、プロジェクトとはどのような要素で組み立てられており、どのように要素が関連しているのかを掴みやすくなったのではないでしょうか。

これらの基本要素はゲーム開発プロジェクトで特に重要と思われるものを抽出したものです。実際にプロジェクトを立ち上げようとすると、基本要素から様々な要素や作業が派生していくことになります。そのときに混乱せずスムーズにプロジェクトを進めていくため、基本要素をしっかり押さえておきましょう。

プロジェクト管理の例題

ここまで学んできたことを演習で確認してみましょう。

架空の前提を提示しますので、そこからゲーム企画を考えて、プロジェクト管理の要素を組み立ててみてください。

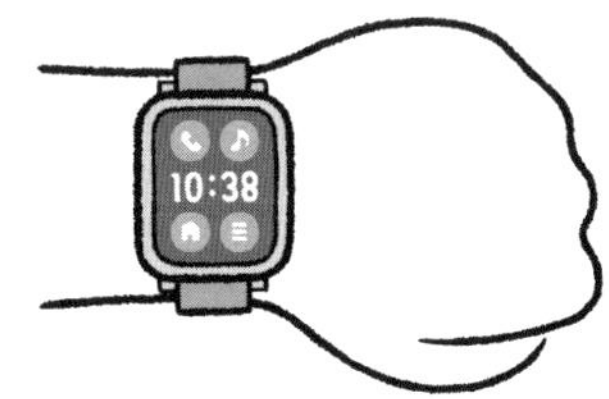

企画の前提

- スマートウオッチ向けのゲーム市場は極めて小さいが所有者は増え続けており、潜在的な市場の可能性があるので、スマートウオッチ向けのゲーム企画が求められている。
- スマートウオッチは心拍計を装備しているタイプが主流であり、他のプラットフォームでは不可能な心拍常時測定が可能である。
- スマートウオッチはGPS搭載タイプが主流であり、位置測定が可能である。
- スマートウオッチは振動機能を持つタイプが主流であり、画面を見せなくても振動でユーザーに情報伝達が可能である。
- スマートウオッチはユーザーが常時装着している。
- スマートウオッチのディスプレイは小さく多数の要素を表示するのには向かない。
- スマートウオッチのタッチ操作は細かく素早い操作には向いていない。
- スマートウオッチはバッテリー容量が小さく、高度な演算処理や映像表示を連続して行うのには向かない。
- スマートウオッチのユーザーは新しい技術や行動スタイルに敏感な層である。
- スマートウオッチのユーザーは健康管理やスポーツでの利用を重視している。
- スマートウオッチには10代が最も興味を示している。

目的とコンセプトの設定

企画の前提を踏まえて、スマートウオッチ向けのゲームを企画してみましょう。目的とコンセプトを挙げてください。

目的には達成したい成果を設定します。目的は定量的に評価できるようにしましょう。

コンセプトには目的を達成するための方法を最大3つまで設定します。まずは目的達成のためのタスク案をリストアップして、そこから目的達成に欠かせないと思われる重要なものを絞り込みましょう。

目的の例：
スマホ連携スマートウオッチのセンサーによって、プレイヤーの精神状態を読み取りコミュニケーションする恋愛ゲームを開発し、「スマホ恋愛ゲーム」の市場を確立してMAU100万人を実現する。

目的達成のために考えられるタスク案の例：
- スマートウオッチの心拍センサーでプレイヤーの心理状態を読み取ってキャラにコミュニケーションさせる
- 感情を細かく表現できる表情＆合成音声システムを作る
- プレイヤー好みのキャラを自由に作成できる
- 人気恋愛漫画家デザインのキャラを多数登場させる
- 恋愛映画とコラボしたストーリーを入れる
- 世界各地のドラマチックな名所で恋愛できるようにする
- アイドルグループの実在アイドルを登場させる

タスク案からコンセプトを絞り込んだ例：
- スマートウオッチの心拍センサーでプレイヤーの心理状態を読み取ってキャラにコミュニケーションさせる
- 感情を細かく表現できる表情＆合成音声システムを作る
- プレイヤー好みのキャラを自由に作成できる

マイルストーンの設定

リストアップしたタスク案をプロト版とα版に振り分けてみましょう。

プロト版には、特に重要で、特に失敗時のリスクが大きいと思われるタスク案を割り振ってください。α版には、ゲームを完成させるために必要となる残りタスク案を全て割り振ってください。

プロト版のタスク案の例：
- スマートウオッチの心拍センサーによってプレイヤーの心理状態を分析評価できるシステムを作る
- プレイヤーの恋愛感情をより高めるようにコミュニケーションできるシステムを作る

α版のタスク案の例：
- プレイヤー好みのキャラを作成するシステムを作る
- 感情を細かく表現できる表情＆合成音声システムを作る

タスクの検討

リストアップしたタスク案について、タスクの構成要素をまとめて正式なタスクにしましょう。このとき１つのタスクについて１人が担当するようにタスクの分解も行ってください。

- タスクの構成要素
- タスクの内容
- タスクを行う目的
- タスクの優先度
  - –S　コンセプト達成のため絶対に必要
  - –A　コンセプト達成のためにやるべき
  - –B　コンセプト達成のためにできればやったほうがよい
  - –C　やってもやらなくてもよい
- タスク同士の依存性
- そのタスクを行うことで想定されるリスク

タスクの構成要素例

内容	スマートウオッチの心拍センサーによってプレイヤーの心理状態を分析評価できるシステムを作る
目的	ゲームアイディアの根幹が実現可能かどうかを確認する
優先度	S
タスク同士の依存性	他のタスクには依存しない
リスク	このタスクに失敗した場合、企画は中止となる

講評

皆さんが考えた企画を皆さん自身で評価してみましょう。

設定した目的は、達成したかどうかを客観的に評価できるようになっていますか？　定量的な基準が必要です。本章で挙げた例の場合、MAU100万人を実現するとしているのが定量的な基準です。

コンセプトは重要な作業3つ以内に絞ることができていますか？　内容は被っていませんか？　このコンセプトはチーム全体で行う大きな作業です。実際に作業を行う際には、1人で作業できるようにタスク分解する必要があります。またひとつひとつに優先度を設定せねばなりません。リスクの洗い出しもやっておきましょう。

マイルストーンでは、プロト版とα版にタスクを振り分けられましたか？　プロト版には特に重要で特にリスクが大きいタスクを先行して割り振ります。

ひととおり設定できたら、できれば他の人に企画の内容を説明してみましょう。どのような目的で、どのような方法で、どのような段取りで行っていくのかを説明して、それが伝わったかどうかを確認してみてください。分かってもらえたら成功です。

まとめ

プロジェクトを開始するにあたっては「プロジェクトの位置づけを行う」「方法と段取りを定める」「誰が何をやるのかを決める」「関係者を確認する」というポイントをまず整理する必要があります。それによってプロジェクトの基本要素をまとめることができます。

プロジェクトの基本要素には「前提」「制約条件（目的・期間・予算）」「実行者」「コンセプト」「ステークホルダー」「マイルストーン」があります。これらは関連しあっていますので、リストアップしながら調整していきます。まとまりにくいときはまず「ターゲット」を絞り込んで、ターゲットに向けた内容になるように各要素を見直していくと良いでしょう。

基本要素がまとまれば、関係者がプロジェクトの内容を確認でき、調整や実行をスムーズに進められるようになります。またプロジェクトの様々な要素や作業はこの基本要素から派生していきますので、最初に基本要素をしっかりと決めておき、チームメンバーやステークホルダーと合意しておきましょう。

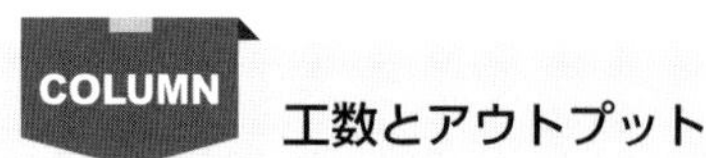

工数とアウトプット

プロジェクト管理で使う概念には、チームメンバーの能力を示すパラメーターが存在しません。チームメンバーの作業量は頭数だけでカウントされます。

プログラマーの能力には人によって数十倍もの開きがあると言われています。優秀なプログラマーにしかできない高度な技術的作業もあります。しかしプロジェクト管理ではどんなプログラマーだろうと１人が１か月働けば１人月としかカウントしません。アウトプットには途轍もない開きがあるというのに。他の職種に関しても同様に大きな能力差があります。

しかしこれで困るかと言えば、マネージャーがきちんと働いてメンバーの能力に応じたタスク割り振りを行っていれば問題にはならないのです。

難しい作業に対しては高い能力を持つメンバーが工数見積もりをして作業にあたり、簡単な作業には上位者が見積もりをして初心者をあてる。マネージャーがこうした状況を作ることで工数とアウトプットには大きなずれがなくなります。１人月と言っても中身には大きな違いがある訳です。

気を付けねばならないのは、プロジェクトが遅延して追加人員を投入するときです。急いで数十人月分の工数を追加したつもりでも、その中身は初心者ばかりかもしれません。問題解決に十分なだけのメンバーが投入できたかどうかを工数は保証してくれないのです。

タスクを本当に実行できるかどうかは個々の能力から見積もって判断しましょう。工数はあくまでもプロジェクトの規模と費用を見積もるためのものです。

Appendix

管理ツールの利用

ツールを利用した開発管理

プロジェクトでは莫大な数のタスクを管理します。かつてはタスクがメモされた付箋紙をホワイトボードに貼り付けたり、表計算ソフトを使って手作業でタスクの状況を更新したりしていたのですが、プロジェクトによっては万単位にも上る数となったタスクはもはや人間の手だけでは管理しきれません。

そのため、現代ではプロジェクト管理ツールを使ってオンラインで各チームメンバーのタスク状況を共有管理していくのが一般的です。プロジェクト管理ツールは多数リリースされています。それぞれ得意不得意がありますので、プロジェクトの規模や性質に応じて選ぶと良いでしょう。

本章では代表的なプロジェクト管理ツールを紹介します。

プロジェクトで管理するデータ

プロジェクト管理ツールを紹介する前に、プロジェクト管理ツールで扱う主要なデータをおさらいします。

工数

期間中のある作業に関わる延べ人数です。作業規模を計るために使います。新人でもベテランでも関係なく、人を頭数だけでカウントします。人の能力については評価されません。

日単位のときは人数 × 日数で計算して「人日」を単位に使います。月単位のときは「人月」です。

例：5 人が 3 か月かけて作業するならば 5×3 ＝ 15 人月

一般にプロジェクトでは作業量を人月工数でカウントします。

費用

1 人月あたり何円のコストがかかるのかは組織によって異なります。この 1 人月あたりのコストのことを人月単価と呼びます。人月工数と人月単価がプロジェクトの規模と費用を示す基本データです。

プロジェクトの総費用は以下の式で算出できます。

プロジェクトの総費用＝プロジェクトの総人月数 × 人月単価
例：
- チームメンバーは 2 人
- プロジェクトで使う工数は A さんが 3 人月、B さんが 4 人月
- 会社の人月単価は 100 万円

→合計人月数が 7 人月なので、7 × 100 万円＝ 700 万円がプロジェクトの総費用

タスク

プロジェクトの作業を最小単位まで分解したタスクは、多数のデータを持っています。プロジェクト管理ではこれらのデータを全て扱わねばなりません。

タスクの基本的な構成要素
- 目的
- 期間
- 属するマイルストーン
- 工数
- 実行者
- 報告先
- 確認者
- 内容
- 状況
- 優先度
- 他タスクへの依存性
- リスク

このようにタスク単体だけでも大量の要素があります。タスクのひとつひとつが様々な情報を持っており、これが数千数万にも増えていきます。タスクがまとまってマイルストーンになり、スケジュールや工数も決まってくるのですが、膨大すぎて把握するのは大変です。人間技では事実上不可能と言ってもよいでしょう。

このため近年のゲーム開発現場ではこうしたデータをまとめて管理できるプロジェクト管理ツールを使います。

プロジェクト管理ツール

プロジェクト管理ツールはWebブラウザから操作できるタイプが主流です。主なプロジェクト管理ツールとしては以下が挙げられます。

プロジェクト管理ツールの例

ツール名	特徴
Trello	初心者や小さなグループ向けのシンプル機能
Redmine	高度な技術者向けの多機能＆カスタマイズ
Jira	スクラム開発向けの高機能＆ビジュアル分析

プロジェクト管理ツールに求められる基本機能としては以下が挙げられます。

先に挙げたプロジェクト管理ツールをそれぞれ見ていきましょう。

Trello

Trelloは分かりやすく使いやすいプロジェクト管理ツールです。シンプルな情報表示と視覚的な操作方法によって、簡単にタスク管理を始めることができます。

ただし、ゲーム開発のタスク管理で使われるような細かいタスク情報を管理するのには不向きです。また大量のタスクを管理するのにも向いていませんので大規模開発には使えません。個人～数人規模のグループワーク向けです。

カンバン方式を採用しており、1つのタスクを1つのシンプルなカードとして、作業中エリアや完了エリアに並べていく方式です。このカンバン方式は見た目に状況がわかりやすいという長所があります。ただしタスクが大量に増えていくとカードが画面に収まりきれなくなって見通しが悪くなるという面もあります。カンバン方式は画面に収まりきる程度のタスクを管理するための仕組みと言えます。

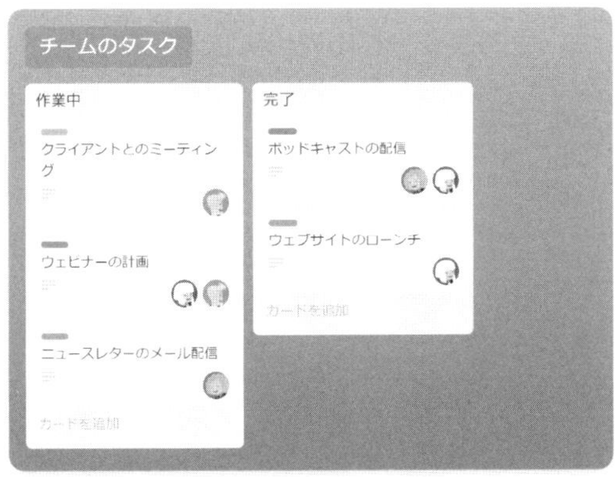

（出典）ATLASSIAN https://trello.com/home ATLASSIAN©
Copyright 2020. All rights reserved.

Redmine

Redmineは広く使われている代表的なプロジェクト管理ツールのひとつで、非常に細かく設定できる上級者向けのツールです。

複雑で様々な使い方ができるため、細かくルールを決めて運用する必要があります。高度にカスタマイズできますが、それだけに使いこなすのは難しいと言えるでしょう。

（出典）Redmineガイド　http://guide.redmine.jp/RedmineIssueList/
Copyright © 2020 ファーエンドテクノロジー株式会社

Redmine のガントチャート

タスクを関連付けて並べた表がガントチャートです。

ガントチャートはプロジェクト管理ツールで特に重要とされる表であり、この表を見ることでプロジェクトの全体的な状況を把握できます。

「このタスクが終わらないとあのタスクは実行できない」といったタスクの依存性が図示されますので、ボトルネックの把握や改善に有効です。

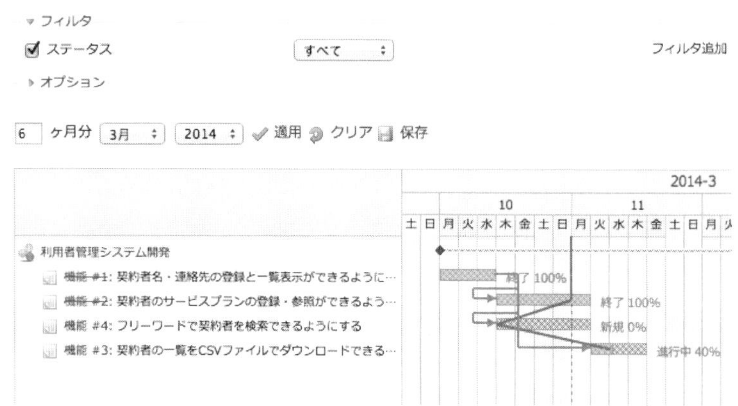

（出典）はじめる！ Redmine（2021 年版） Go Maeda
https://redmine.jp/overview/document/
© 前田剛 , ファーエンドテクノロジー株式会社

Redmine のチケット

Redmine では、タスクの様々な要素をチケットという形でひとまとめにして、1 つのタスクを 1 つのチケットとして管理します。このチケットへの登録要素は Redmine の管理者がカスタマイズできます。

チケットに変化が起きると関係者に自動でメールを送る機能があり、変化を速やかに共有できます。しかしメールが頻繁に送られてくると、だんだん見なくなっていく難点もあります。

近年では Slack などのチャットアプリと連動する機能も使われています。

概要 活動 チケット 新しいチケット ガントチャート カレンダー ニュース 文書 Wiki ファイル 設定

バグ #5

編集 時間を記録 ウォッチ コピー 削除

都道府県選択で鳥取県と島根県の順番が逆

山口 裕子 が [2014/06/16 14:54] 約11時間前に追加. [2014/06/17 01:30] 1分以内前に更新.

ステータス:	新規	**開始日:**	2014/06/16
優先度:	通常	**期日:**	
担当者:	赤田 舞	**進捗率:**	0%
カテゴリ:	-	**作業時間の記録:**	-
対象バージョン:	-		

説明 引用

自治体コード順だと「鳥取県 島根県」の順で表示されるはずだが、都道府県を選択するためのドロップダウンリストボックスでは「島根県 鳥取県」の順で表示されている。マスタ上で島根と鳥取が逆になっている可能性あり。

子チケット 追加

関連するチケット 追加

編集 時間を記録 ウォッチ コピー 削除

他の形式にエクスポート: Atom | PDF

（出典）はじめる！ Redmine（2021 年版） Go Maeda
https://redmine.jp/overview/document/
© 前田剛 , ファーエンドテクノロジー株式会社

▶ JIRA

JIRA は分かりやすいビジュアルと細かな設定を両立したプロジェクト管理ツールです。スクラム開発に適した作りであり、スクラム型開発用の管理機能が充実しています。反面ウォーターフォール型開発には不要な機能が多いとも言えます。

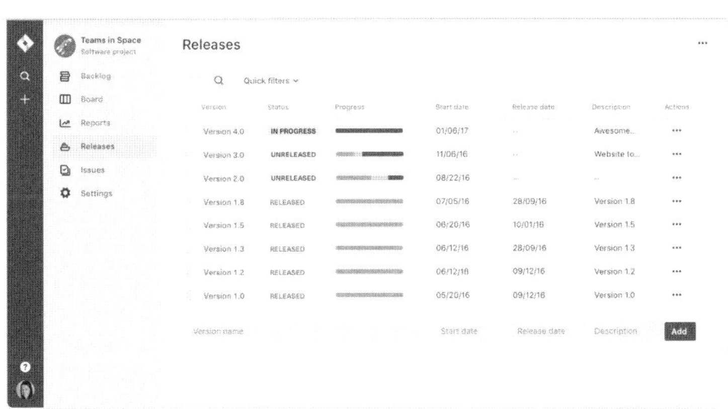

（出典）ATLASSIAN https://www.atlassian.com/ja/software/jira ATLASSIAN©
Copyright 2020. All rights reserved.

Redmine と同様にタスクの状況をガントチャートで見やすく図示できるほか、スクラムボードではカンバン（トヨタ自動車発祥の生産管理方式）に似た表示形式でスプリント中のタスク状況をわかりやすく図示できます。

JIRA のスクラムボード：

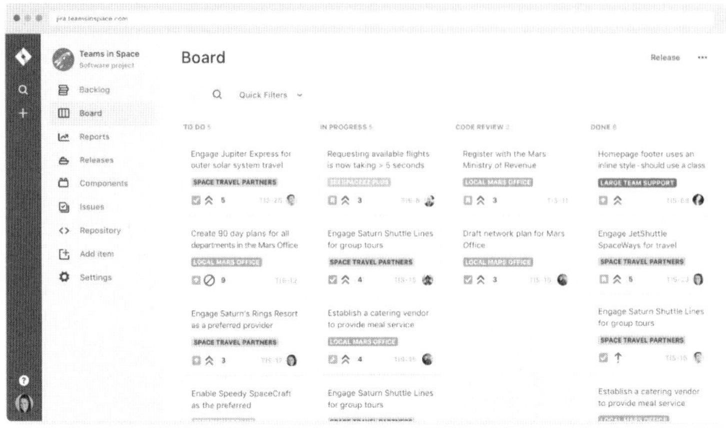

（出典）ATLASSIAN https://www.atlassian.com/ja/software/jira ATLASSIAN©

まとめ

プロジェクトには膨大なデータがあり、プロジェクト管理するにはそれらのデータを把握・共有・管理する必要があります。このためにプロジェクト管理ツールが使われています。

プロジェクト管理ツールには Redmine、JIRA、Trello などが使われており、それぞれ特性があります。プロジェクトの規模や性質に応じたプロジェクト管理ツールを使うと良いでしょう。

プロジェクト管理ツールの導入は容易ではありません。

プロジェクトチームメンバー全員に適したツールの設定、機能のカスタマイズが必要です。それでもメンバーが積極的に使ってくれるとは限らず、放任しているとすぐに使われなくなったり、雑な使い方になってしまいます。速やかな情報共有が大事だからといって自動メール送信を多用すると、メールのフィルタを使って自動的にメール倉庫フォルダに放り込まれ、読まれずに終わります。進捗の確認を怠っていると、チケットの内容と作業がかけ離れていきます。そもそも使うのが面倒だからと完全放置されるかもしれません。

プロジェクト管理ツールを広めるためには、定期的な全体確認と指導、皆が使いやすくするためのメンテナンスやカスタマイズが重要です。こうした業務は誰かに片手間で押し付けるのではなく、専門の担当業務として進めていくのが良いでしょう。最近ではプロジェクトマネージャーが担当することが多いようです。

考えてみよう

プロジェクト管理ツールの使用経験がまだないようでしたら是非一度使ってみてください。特に Trello はとても簡単に使えるツールです。そして、プロジェクト管理ツールにはどのような効果があり、広めるにはどのような障害があってどうすればクリアしていけるのかを実地の体験から考えてみましょう。

参考 Web サイト

https://redmine.jp/

『Redmine.JP』

プロジェクト管理ツールの Redmine について総合的に案内する日本語サイトです。
「はじめての Redmine」にはインストール方法から導入方法、用語解説などの初心者向け情報が分かりやすくまとまっています。
いきなり Redmine をインストールせずとも、まずはプロジェクト管理ツールとはどのようなものかを豊富な資料から学ぶことができます。

https://www.atlassian.com/ja

『ATLASSIAN』

プロジェクト管理ツールの JIRA や Trello がサービスされている Atlassian 社の日本語サイトです。
各種サービスのクラウド版を無料でトライアルでき、使用方法も解説されています。
なお仕様作成と共有には同社の提供している Confluence も大変便利です。

あとがき

これで本書での解説はおしまいとなります。最後までお付き合いいただきましてありがとうございました。

本書はできるだけシンプルな内容にまとめたつもりです。より学んでいきたい場合は各章で挙げた参考書籍を読んでみてはいかがでしょうか。

また、大量のタスクを管理するために、開発の現場ではRedmineやJiraなどのプロジェクト管理ツールが使われています。Appendixでは簡単な紹介に留めましたが、プロジェクト管理ツールはWebでの解説やトライアル版も充実していますのでぜひ学んで使ってみてください。

本書ではスクラム型の開発スタイルがゲームの初期開発には向いていないとしましたが、うまい適用方法があるのではないかと探しています。自分のプロジェクトではこのようにして成功したといった実例があれば、広くゲーム開発者の方々に公開していっていただければ幸いです。

実際のゲーム開発には組織の伝統や上長の決めたやり方など様々なしがらみがあり、プロジェクト管理をそのまま適用はできないかもしれません。しかし一人一人の作業もまたプロジェクトであり、自己管理していくことができます。

皆さんがゲーム開発やその他プロジェクトに取り組んでいくうえで、本書がその一助となれば幸いです。

索引

数字・記号・アルファベット

あ

か

さ

た・な

は

ま

や

ら

■著者プロフィール

下田 紀之
株式会社セガなどのゲーム会社にて、プロデューサー、ディレクター、プランナーとしてアーケードゲーム、家庭用ゲーム、スマートフォンゲーム、PC ゲームの企画・研究・開発を担当。2022 年より岡山理科大学で教授として学生の指導にあたる。

カバーデザイン　宮下 裕一
本文デザイン・組版　クニメディア株式会社
カバーイラスト・本文イラスト　白井 匠
編集　落合 祥太朗

ゲーム開発プロジェクト管理の基本

2024 年 2 月 23 日　初版　第 1 刷発行

著　者　下田　紀之
発行者　片岡　巌
発行所　株式会社技術評論社
東京都新宿区市谷左内町 21-13
電話　03-3513-6150（販売促進部）
03-3513-6185（書籍編集部）
印刷／製本　港北メディアサービス株式会社

定価はカバーに表示してあります。

ISBN978-4-297-14004-5 C3055
Printed in Japan

■お問い合わせについて

●本書に関するご質問は、FAX か書面でお願いいたします。電話での直接のお問い合わせにはお答えできませんので、あらかじめご了承ください。また、下記の Web サイトでも質問用フォームを用意しておりますので、ご利用ください。ご質問の際に記載いただいた個人情報は質問への返答以外に使用いたしません。

■問い合わせ先

〒 162-0846
東京都新宿区市谷左内町 21-13
株式会社技術評論社 書籍編集部
『ゲーム開発プロジェクト管理の基本』
読者質問係
FAX:　03-3513-6181

https://book.gihyo.jp/116